ALFRED POHLER · HEILPFLANZEN IN DEN ALPEN

ALFRED POHLER

Heilpflanzen in den Alpen

Bestimmen – Sammeln – Zubereiten – Anwenden

OTTO MÜLLER VERLAG SALZBURG

Sämtliche Abbildungen vom Verfasser

ISBN 3-7013-0690-7

Umschlaggestaltung: Grasedieck und Haefeli, Salzburg
Satz: Hanna Knezourek, A-4785 Haibach/Schärding
Farblithos: Repro Weyland, Salzburg
Druck- und Bindearbeiten: Wiener Verlag, Himberg bei Wien

INHALTSVERZEICHNIS

VORWORT

Obwohl die Menschen schon lange vor unserer Zeitrechnung Pflanzen für Heilzwecke verwendeten, erlangten vor allem die Pflanzen aus den höher gelegenen Regionen erst durch das zunehmende naturheilkundliche Wissen ihre hohe Wertschätzung.

Besondere Bedeutung in der modernen Medizin gewannen viele davon als wichtige Lieferanten wertvoller Wirkstoffe, zur Herstellung zahlreicher Medikamente. Zu diesem Zweck deckt die Pharmaindustrie heute vielfach ihren Bedarf aus großen, biologisch ausgerichteten Plantagen.

Alle Pflanzen brauchen zum Wachsen und Gedeihen verschiedene Nährstoffe, die sie aus der Umwelt, dem Erdreich, der Luft und dem Wasser entnehmen. Vorwiegend sind es chemische Elemente wie Sauerstoff, Wasserstoff, Kohlenstoff, Phosphor, Eisen, Schwefel, Kalium, Magnesium und in geringerem Maße andere Spurenelemente, die, mit Hilfe von Wärme und Licht in der Pflanze zu organischen Stoffen umgewandelt werden und so zum Aufbau der Pflanzenzellen dienen.

Eine namhafte Pflanzengruppe bildet während des chemischen Umwandlungsprozesses besondere Wirkstoffe, die bei Einwirkung auf den menschlichen Organismus bestimmte Reaktionen hervorrufen. Pflanzen dieser Gruppe werden als Heil- oder Arzneipflanzen bezeichnet.

In der Regel sind diese Wirkstoffe nicht gleichmäßig über die ganze Pflanze verteilt, sondern jeweils in verschiedenen Organen konzentriert.

Für den Heilkräutersammler ist es demnach vorteilhaft, darüber Bescheid zu wissen, und um Verwechslungen zu vermeiden, die wesentlichsten Merkmale zu kennen.

Mit dem Ziel den Interessierten das Auffinden und das sichere Bestimmen zu erleichtern, wurde im vorliegenden Buch der größte Teil wertvoller Heilpflanzen in den Alpen zusammengestellt. Rund 130 der heilkräftigsten Pflanzen sind farblich geordnet, alphabetisch gereiht und tragen am Buchrand eine Farbmarkierung. Die großformatigen Abbildungen der Heilpflanzen wurden in ihren Biotopen aufgenommen, erhielten für Vergleichszwecke eine kurz gefaßte botanische Beschreibung gegenübergstellt, aus der wichtige Bestimmungsmerkmale ebenso hervorgehen wie sammelerleichternde Standortangaben.

Der anschließende Text umfaßt jeweils das Wissenswerteste hinsichtlich der heilkundlichen Verwendung. Neben den Inhaltsstoffen, die schon vorab auf bestimmte Heileffekte schließen lassen, sind medizinische Eigenschaften, und vor allem Anwendungsmöglichkeiten mit Zubereitungsvorschlägen angeführt.

Ein Teil der aufgezeigten Heilanwendungen und Zubereitungen ist wissenschaftlich fundiert, den übrigen liegen Aufzeichnungen aus der Volksmedizin zugrunde, die auf jahrzehnte- und jahrhundertelange Erfahrungen zurückgehen. Dessen ungeachtet, und trotz all der bereits erzielten wunderbaren Heilerfolge mit Heilkräutern, darf die richtige Dosierung der Drogen nicht außer acht gelassen werden. Auch wenn Heilkräuter zeitlich richtig, in vernünftigen Mengen, vorbeugend oder heilend angewendet, kaum schaden können, vermögen sie in zu großen Mengen oder zu lange eingesetzt ins Gegenteil umzuschlagen und sogar zu Vergiftungen führen.

Ferner steht außer Zweifel, daß Wirkstoffe in chemisch reiner Form schneller wirken können als Heilkräuter, anderseits jedoch zeigen die richtigen Heilkräuter oftmals bessere Heileffekte, weil mehrere Bestandteile an Wirkstoffen in ausgewogener Kombination gut verträglich sind und keinerlei Nebenwirkungen hervorrufen. Dennoch ist bei den meisten Beschwerden, besonders bei schweren Erkrankungen ein Arzt zu konsultieren, mit dem man sich entsprechend der Diagnose, vor Anwendung der natürlichen Heilmittel beraten sollte.

Dem Textteil mit den Abbildungen angeschlossen ist eine „Kleine Pflanzenkunde" zur Erklärung der in den botanischen Beschreibungen verwendeten Fachausdrücke, sowie ein Heilpflanzen-Sammelkalender mit Hinweisen zum zweckmäßigen Sammeln, Trocknen und Aufbewahren.

Den Abschluß bilden eine Zusammenstellung von Beschwerden mit den am besten helfenden Heilpflanzen zur Auswahl für den Anwender, und ein alphabetisch gereihtes Register mit den geläufigsten deutschen wie auch den lateinischen Pflanzennamen.

Mit dem Leitgedanken, den Mitmenschen die Heilkraft der „Heilpflanzen in den Alpen" aufzuzeigen und um Unsicherheiten vorzubeugen fanden in dieser Zusammenstellung nur solche Pflanzen Berücksichtigung, deren heilende oder lindernde Wirksamkeit für den Menschen erwiesen sind. Stark giftige, aber zur Drogengewinnung wertvolle Arzneipflanzen, deren Anwendung in der Volksmedizin riskant ist, wurden weggelassen.

Bei all diesen Bestrebungen, die natürlichen Heilmittel zum Wohle der Gesundheit zu nützen, sollten wir den Naturschutz nicht außer acht lassen. Die Natur ist nicht unerschöpflich, auch wenn verschiedene Pflanzen gesetzlich nicht ausdrücklich geschützt sind, sollte beim Heilkräutersammeln sehr behutsam vorgegangen werden. Größte Rücksichtnahme und Schonung aller Biotope sollte daher ein Anliegen aller Heilkräutersammler sein.

Alfred Pohler

MASSTABELLE

Begriffe	Volumen in ml	Wassergewicht in g	Einheit l
1 Kaffeelöffel	5	5	
1 Eßlöffel	15	15	
1 Likörglas	30	30	
1 Normalglas	150	150	
1 Tasse	165	165	
6 Tassen	ca. 1000	1000	ca. 1 Liter
20 Tropfen (wässerig)		1	
50 Tropfen (alkoholisch)		1	
1 Messerspitze Pflanzenpulver		1	
1 Handvoll getrocknete Pflanzen		ca. 50	

DIE ZUBEREITUNG DER HEILPFLANZEN

Absud: Teezubereitung bei der die Pflanzenteile nach Vorschrift in Wasser gekocht werden.

Aufguß: Teezubereitung durch Übergießen der Pflanzenteile mit kochendem Wasser und anschließendem Ziehen lassen nach Vorschrift.

Auszug: Zubereitungsart bei der die Pflanzenteile, nach Vorschrift, in kalter Flüssigkeit ziehen sollen.

Extrakt: Pflanzenauszüge mit Wasser oder Weingeist die zum Schluß der Zubereitung durch Erhitzen konzentriert werden.

Tinktur: Alkoholische Auszüge aus Pflanzenteilen im Verhältnis 1:5 (Pflanzenteile: 70% Alkohol) die man nach Vorschrift, längere Zeit bei Zimmertemperatur ziehen läßt, nach Filtrierung abfüllt und verwendet.

Elixier: Pflanzenextrakte oder Pflanzen die man in einer Lösung mit Zucker oder Alkohol ziehen läßt.

Medizinalwein: Alkoholische Auszüge bei denen anstelle des 70%igen Alkohols Rot- oder Weißwein verwendet wird.

Mixtur: Mischung heilkräftiger Substanzen mit gleichen Eigenschaften, in flüssiger Form, die sich verstärken.

DIE HEILPFLANZEN

Bestimmen — Sammeln — Zubereiten — Anwenden

Rostblättrige Alpenrose

Rhododendron ferrugineum

Familie: Heidekrautgewächse, Ericaceae.

Stengel: Kleinstrauch, 20–100 cm hoch, verzweigt, oben dichter beblättert, Zweige verholzt, schwarzbraun-grau.

Blätter: Wintergrün, elliptisch-lanzettlich, in den kurzen Stiel verschmälert, wechselständig, glänzend. Unterseite mit rostbraunen Drüsenschuppen bedeckt.

Blüten: In dichten Doldentrauben an den Zweigenden, Blüten leuchtend rot, trichterförmige-glockige Kronen mit fünf stumpfen Zipfeln. Vornehm duftend!

Blütezeit: Juni bis August.

Standort: 1500–3000 m, kalkarme Böden. Almen, Weiden, lichte Wälder, Zwergstrauchheiden, Halden, Legföhrenbestände. Häufig!

Verbreitung: Alpen, Pyrenäen, nördlicher Apennin.

Wirksame Pflanzenteile: Blätter, Blütenknospen.

Sammelzeit: Juni bis August (vor dem Erblühen). Blütenknospen: Juli bis August.

Aufbewahrung: Blätter luftig, rasch im Schatten trocknen.

Inhaltsstoffe: Ätherisches Öl, Gerbstoff, Bitterstoff.

Medizinische Eigenschaften: Harntreibend, wirksam bei Schwindel, Kopfschmerzen, Schnupfen, Rheuma, Gelenkgicht, Steinbeschwerden, wundheilend (Geschwüre).

Zubereitung: Ölaufguß: 42 g getrocknete Blütenknospen mit 250 ml heißem Olivenöl übergießen und 6 Stunden ziehen lassen, abseihen, abfüllen. Absud: 24 g Blätter in 1 Liter Wasser 5 Minuten kochen, 12 Minuten ziehen lassen.

Volksmedizinische Anwendung: Innerlich und äußerlich. Absud gegen Steinbeschwerden: Täglich 3 Tassen trinken. Ölaufguß bei Gliederschmerzen und zur Heilung von Geschwüren: Täglich die betroffenen Stellen einreiben, bei Geschwüren mittels Kompresse auflegen.

Echter Baldrian

Valeriana officinalis

Familie: Baldriangewächse, Valerianaceae.

Stengel: 30–120 cm hoch, aufrecht, stark, rund, gefurcht, hohl, beblättert, blaugrün, kahl.

Blätter: Die unteren gegenständig, unpaarig gefiedert, fünf bis elf Fiederpaare, gestielt, Teilblättchen lanzettlich, fein gezähnt oder ganzrandig, die oberen Stengelblätter sitzend, schmal-lanzettlich, spitz, ganzrandig, quirlig angeordnet.

Blüten: In endständiger Doldenrispe, schirmartig, Einzelblütchen ca. 4–6 mm Durchmesser. Fünf Kronblättchen, eiförmig, rosa bis fleischrot, röhrig. Staubblättchen heller, zeitweise duftend.

Blütezeit: Juni bis September.

Standort: Bis 1700 m, lehmige, nährstoffreiche Böden. Feuchte Nadel- und Laubwälder, Kahlschläge, Lichtungen, Bergwiesen, Ufergebüsch, Auen, Hochstaudenfluren. Ziemlich häufig! Gebietsweise gesellig.

Verbreitung: Alpen, fast ganz Europa.

Wirksame Pflanzenteile: Wurzelstock.

Sammelzeit: Frühjahr oder Herbst.

Aufbewahrung: Reinigen, zerkleinern, schattig trocknen.

Inhaltsstoffe: Glykoside, Alkaloide, Ester, ätherisches Öl, Isovaleriansäurebornylester, Schleim, Zucker, Gerbstoff, Gummi, Harz, Lipase, Oxidase, Essigsäure.

Medizinische Eigenschaften: Krampflösend, schlaffördernd, sedativ. Wirkt bei Augenschwäche, Angstzuständen, Schwindel, Husten und nervösen Beschwerden des Klimakteriums.

Zubereitung: Auszug: 90 g frische Wurzeln in 1 Liter kaltem Wasser 12 Stunden ziehen lassen. Aufguß: 48 g getrocknete Wurzeln auf 1 Liter kochendes Wasser, filtrieren, zuckern. Tinktur: 12 g getrocknete Wurzeln in 50 ml 60prozentigem Alkohol 8 Tage lang ziehen lassen. Tee: 20 Tropfen Tinktur in lauwarmen Wasser einnehmen.

Volksmedizinische Anwendung: Innerlich und äußerlich. Auszug bei Angstzuständen: Während eines Monats täglich 2 kleinere Tassen. Auszug zur Appetitzügelung: 10 Minuten vor den Hauptmahlzeiten 1 Glas trinken. Aufguß bei Asthma: Täglich 2 Gläser trinken. Tinktur bei Schlafstörungen: 20 Tropfen vor dem Schlafen einnehmen. Tee gegen Angstzustände: Täglich 2–3 Tassen.

Bärentraube

Arctostaphylos uva-ursi

Familie: Heidekrautgewächse, Ericaceae.

Stengel: 10–25 cm lang, kriechend, teilweise verholzt, rund, verzweigt, beblättert, braun-grün.

Blätter: Wechselständig, länglich-verkehrt-eiförmig, lederig, immergrün, unterseits hellgrün, gestielt, ganzrandig, netznervig, teilweise braun punktiert.

Blüten: 3–12 in endständiger Traube, Einzelblütchen klein, glockig, aufgeblasen, weiß bis rosa, kurz gestielt, nickend. Kelchblättchen kurz, spitz, anliegend, grün. Beeren kugelig, 4–6 mm Durchmesser, leuchtend rot, mehlig.

Blütezeit: Juni bis September.

Standort: 800–2700 m, humushaltige Böden. Nadelwälder, alpine Matten, an Felsen oder Felsblöcken, Schutthalden, Felsnischen. Selten!

Verbreitung: Alpen, Apennin, Pyrenäen, Norwegen.

Wirksame Pflanzenteile: Blätter, ganz junge Triebe.

Sammelzeit: Vor der Blüte (Mai bis August).

Aufbewahrung: Gut durchlüftet und rasch an der Sonne trocknen.

Inhaltsstoffe: Arbutin, Phenolglykoside, Gerbstoffe, Gallussäure, Arbutin, Methylarbutin, Apfel- und Zitronensäure, Mineralsalze.

Medizinische Eigenschaften: Adstringierend, antiseptisch, harntreibend, wirkt bei Nieren- und Blasenkrankheiten.

Zubereitung: Absud: 24 g getrocknete Blätter in 1 Liter Wasser bis zur Hälfte der Flüssigkeit einkochen. Aufguß: 18 g getrocknete Blätter in 1 Liter kochendem Wasser erkalten lassen, filtrieren. Absud bei Harnstoffanstieg: 42 g getrocknete Blätter in 1 Liter Wasser 5 Minuten kochen und 12 Minuten ziehen lassen.

Volksmedizinische Anwendung: Innerlich. Absud gegen Bettnässen: Täglich 2 Tassen, morgens und mittags. Aufguß bei Blasenentzündung: Täglich 2 Täßchen trinken. Absud bei nachlassender Nierentätigkeit (Harnstoffanstieg): Täglich 3 Tassen trinken. Aufguß bei ungenügender Nierenfunktion: Täglich 3 Tassen trinken, 3 Wochen lang, bis zur nächsten Kur etwas pausieren. Anwendungsdauer und Dosierung genau beachten!

Schwarzwurz (Beinwell)

Symphytum officinale

Familie: Rauhblattgewächse, Boraginaceae.

Stengel: 25–80 cm hoch, aufrecht, verzweigt, beblättert, rauhhaarig, grün, dick, hohl.

Blätter: Groß, ei-lanzettlich, spitz, stark netznervig, dunkelgrün, rauhhaarig, in den Blattstiel verschmälert. Obere Stengelblätter lanzettlich, kleiner, rinnig, sitzend.

Blüten: Endständige, mehrblütige Traube, kurzstielig, nickend, auch in den oberen Blattachseln stehend. Krone röhrig, glockig, 14–20 mm lang, weißgelb, rosa bis rotviolett, abstehende Kelchzipfel.

Blütezeit: Mai bis September.

Standort: 600–1800 m, stickstoffhaltige Böden. Nasse Wiesen, Quellfluren, Ufer, feuchte Blockhalden.

Verbreitung: Alpen, Pyrenäen, Apennin; euroasiatische Pflanze.

Anmerkung: Der deutsche Name „Schwarzwurz" kommt von ihrer schwarzen Wurzel.

Wirksame Pflanzenteile: Wurzelstock, frisch oder getrocknet.

Sammelzeit: Juni bis Juli oder September bis Oktober.

Aufbewahrung: Wurzelstock waschen, zerkleinern, rasch an der Sonne trocknen, verschlossen aufbewahren.

Inhaltsstoffe: Gerbstoff, ätherisches Öl, Kohlehydrate, Alkaloide, Schleimstoffe.

Medizinische Eigenschaften: Adstringierend, entzündungshemmend, erweichend, hustenlindernd, narbenbildend.

Zubereitung: Gurgelwasser bei Angina: 25 g getrocknete Wurzeln in 1 Liter Wasser 12 Stunden ziehen lassen, filtrieren, mit Bienenhonig süßen. Aufguß: 22 g Wurzeln in 1 Liter kochendem Wasser 1,5 Stunden ziehen lassen. Aufguß gegen Hautgeschwür: 18 g Pflanzen in 1 Liter kochendem Wasser 8 Minuten ziehen lassen. Breiumschlag: Frische, geriebene Wurzeln mit Olivenöl angereichert in einem Tuch auflegen.

Volksmedizinische Anwendung: Innerlich und äußerlich. Gurgelwasser bei Angina: Mehrmals täglich anwenden. Aufguß bei Durchfall: täglich 3 Tassen trinken. Aufguß gegen Hautgeschwür: Täglich mehrmals Waschungen vornehmen. Breiumschlag bei Verstauchungen. Beinwellpulver zum Schnupfen bei Nasenbluten: Eine Messerspitze voll in die Nase aufschnupfen.

Blutweiderich

Lythrum salicaria

Familie: Weiderichgewächse, Lythraceae.

Stengel: 40–120 cm hoch, aufrecht, vierkantig, wenig verzweigt, beblättert, grün, gegen den Grund verholzt.

Blätter: Kreuzgegenständig, lanzettlich, spitz, am Grunde verschmälert, sitzend, ganzrandig, dunkelgrün.

Blüten: In dichter, langer Traube, kurzgestielt in Quirlen aus den oberen Blattachseln. Einzelblüten 10–15 mm Durchmesser, sechs Kronblätter, purpurrot, zwölf Staubblätter, unterschiedlich lang, grün-gelb.

Blütezeit: Juni bis September.

Standort: Bis 1200 m, etwas stickstoffhaltige, nasse Böden. Nasse Wiesen, Flachmoore, Sümpfe, Fluß- und Seeufer. Ziemlich häufig! Besonders auffallende, beachtliche Staudenpflanze.

Verbreitung: Alpen, fast ganz Europa.

Wirksame Pflanzenteile: Nicht verholzte, beblätterte Stengel, blühende Sproßspitzen, frischer Saft.

Sammelzeit: Juni bis Oktober.

Aufbewahrung: In Sträußen, hängend schattig trocknen, kühl und trocken in Dosen verschlossen aufbewahren.

Inhaltsstoffe: Glykoside, Harz, Gerbstoff, Provitamin A, Zucker, Eisen, Kalziumoxalat.

Medizinische Eigenschaften: Blutstillend, adstringierend, tonisierend.

Zubereitung: Absud: 80 g Sproßspitzen und getrocknete Blätter auf 1 Liter Wasser 1 Minute kochen, abkühlen lassen, filtrieren. Blutweiderichsaft, gewonnen durch Auspressen von Stielen und Blättern.

Volksmedizinische Anwendung: Innerlich und äußerlich. Absud bei Ekzemen: Die betroffenen Hautstellen 3mal täglich betupfen. Aufguß bei Hautgeschwüren: Zur Waschung der befallenen Hautstellen. Saft bei Nasenbluten: Getränkte Watte einführen, mehrmals wechseln.

Echter Dost

Origanum vulgare

Familie: Lippenblütler, Lamiaceae.

Stengel: 15–60 cm hoch, aufrecht, rundlich, verzweigt, beblättert, behaart, grün-rotbraun, meistens gesellig, staudenartig.

Blätter: Kreuzweise-gegenständig, länglich-eiförmig, gestielt, ganzrandig, grün, kahl, glänzend, oberste Blätter nicht selten rötlich überlaufen und leicht behaart, stark angenehm duftend!

Blüten: In endständiger Doldenrispe, oder zahlreich in den Blattachseln der obersten Zweigblätter, kopfig gehäuft, Einzelblütchen mit aufgerichteter Oberlippe. Unterlippe dreilappig, ausgebreitet, rot, rosa oder weiß. Kelch fünfzipfelig, glockig, innen behaart. Griffel und Staubblätter weit aus der Blüte ragend. Angenehm duftend!

Blütezeit: Juli bis September.

Standort: Bis 2000 m, kalkhaltige, steinige Böden, wärmeliebend, Bergwiesen, sonnige Hänge, Geröllhalden, Waldrand, alpine Zwergstrauchheiden. Ziemlich häufig!

Verbreitung: Alpen, Apennin, Pyrenäen.

Wirksame Pflanzenteile: Blühende Sproßspitzen, Blätter.

Sammelzeit: Juli bis September.

Aufbewahrung: Sproßspitzen schnell, schattig trocknen.

Inhaltsstoffe: Gerbstoff, ätherisches Öl, Harz.

Medizinische Eigenschaften: Antiseptisch, Auswurf fördernd, krampflösend, schmerzlindernd, tonisierend, Menstruation regulierend, magenwirksam.

Zubereitung: Aufguß: 18 g getrocknete, blühende Sproßspitzen in 1 Liter kochendem Wasser 2 Minuten ziehen lassen, abseihen, warm verwenden. Dostwein: 48 g Sproßspitzen in 1 Liter Rotwein 1 Woche ziehen lassen, filtrieren. Aufguß bei Menstruationsbeschwerden: 12 g Sproßspitzen in 1 Liter kochendem Wasser 12 Minuten ziehen lassen. Breiumschlag bei Neuralgie: Sproßspitzen und Blätter in wenig Rotwein zu einem Brei kochen.

Volksmedizinische Anwendung: Innerlich und äußerlich. Aufguß zur Appetitanregung: Täglich 2 Tassen vor den Hauptmahlzeiten. Dostwein bei krampfhaften Magenschmerzen: 1 Gläschen zu den Mahlzeiten. Aufguß bei ausbleibender Menstruation: 2 Tassen täglich trinken. Breiumschlag bei Gesichtsneuralgie: Kompresse tränken und auflegen, mehrmals täglich wechseln.

Wasserdost

Eupatorium cannabium

Familie: Korbblütengewächse, Asteraceae.

Stengel: 60–150 cm hoch, aufrecht, stark, rund, grün-braun, behaart, beblättert.

Blätter: Wechsel- und gegenständig, kurz gestielt, meist dreiteilig, Teilblättchen lanzettlich, grob gesägt, grün, behaart.

Blüten: In kleinen Köpfchen als Scheindolde endständig. Einzelblütchen röhrenförmig, hell- bis dunkelrot. Wurzelstock hellgrau, verzweigt, faserig, bitter.

Blütezeit: Juli bis September.

Standort: 600–1800 m. Lichte Laub- und Mischwälder, Kahlschläge, Uferbereiche, feuchte Auen. Häufig!

Verbreitung: Alpen.

Wirksame Pflanzenteile: Blätter, Wurzel.

Sammelzeit: Blätter vor der Blüte, Wurzel im Frühling oder Herbst.

Aufbewahrung: Wurzel waschen, zerkleinern und wie die Blätter schattig schnell trocknen.

Inhaltsstoffe: Ätherisches Öl, Gerbstoff, Harz, Inulin, Eisen.

Medizinische Eigenschaften: Appetitanregend, blutreinigend, abführend, gallentreibend, wundheilend.

Zubereitung: Aufguß: 30 g Wurzeln in 1 Liter kochendem Wasser 12 Minuten ziehen lassen. Aufguß zur Genesung: 24 g Blätter in 1 Liter kochendem Wasser 10 Minuten ziehen lassen. Absud: 28 g getrocknete Wurzeln in 1 Liter Wasser 2 Minuten kochen lassen. Wasserdostwein: 42 g getrocknete zerkleinerte Wurzeln in 1 Liter Rotwein ziehen lassen, filtrieren, abfüllen.

Volksmedizinische Anwendung: Innerlich und äußerlich. Aufguß bei zu geringer Gallenblasentätigkeit: 1 Tasse vor jeder Mahlzeit trinken. Aufguß zur besseren Genesung (Reconvaleszenz): Täglich 2 Tassen trinken. Absud bei Verstopfung: 1 Tasse vor den Hauptmahlzeiten trinken. Wasserdostwein zur Senkung des Cholesteringehaltes im Blut: An 20 Tagen im Monat 1 Glas nach dem Mittagessen. Breiumschlag bei Blutgefäßerweiterung.
Pflanze möglichst im frischen Zustand verwenden und Dosierung genau beachten!

Eberesche (Vogelbeere)

Sorbus aucuparia

Familie: Rosengewächse, Rosaceae.

Strauch oder Baum: Bis 12 m hoch, aufrecht, rund, Rinde grau-braun, glatt, lockere Krone.

Blätter: Groß, unpaarig gefiedert, wechselständig, Fiederblättchen länglich bis eiförmig, gesägt, grün, an langem Stengel sitzend, 9–16 Einzelblättchen mit eiförmigem Endblatt.

Blüten: In großen Doldenrispen, aufrecht, Einzelblütchen klein, 5 Kronblättchen 4–5 mm lang, rundlich, weiß. 20 Staubblättchen, 3 Griffel, 5 Kelchblättchen dreieckig, klein, grün, anliegend. Früchte beerenartig, leuchtend scharlachrot, 8–10 mm Durchmesser, rund, schwach aromatisch.

Blütezeit: Mai bis Juli.

Standort: Bis 2300 m, auf unterschiedlichen Böden. Mischwälder, Alleen, Auwälder, Hochmoore, Hochstaudenfluren, Böschungen, Grünerlenbestände. Zerstreut!

Verbreitung: Alpen, fast ganz Europa.

Wirksame Pflanzenteile: Blätter, Früchte.

Sammelzeit: Früchte im September bis Oktober, Blätter vor der Blüte, Mai bis Juli.

Aufbewahrung: Früchte rasch und schattig trocknen, Fiederblättchen ohne Stengel, rasch, gut durchlüftet, schattig trocknen.

Inhaltsstoffe: Parasorbinsäure, Sorbin, Apfelsäure, Zucker, Wachs, ätherisches Öl, Pektin, Vitamin C, Provitamin A.

Medizinische Eigenschaften: Adstringierend, abführend, blutstillend, harntreibend, Menstruation regulierend, wirksam bei Skorbut, Gicht, Rheumatismus und Lungenleiden.

Zubereitung: Aufguß: 24 g Blätter in 1 Liter kochendem Wasser 12 Minuten ziehen lassen.

Volksmedizinische Anwendung: Innerlich. Fruchtfleisch der Beeren bei Durchfall: Täglich während einiger Tage essen. Aufguß gegen krampfhaften Husten: Täglich 3 Tassen zwischen den Mahlzeiten. Beerenmus gegen Magenverstimmung, Rheuma und Hämorrhoiden: Täglich drei bis vier Eßlöffel. Extrakt und Sirup bei zu erhöhter Darmtätigkeit.

Echter Eibisch

Althaea officinalis

Familie: Malvengewächse, Malvaceae.

Stengel: 60–150 cm hoch, mehrere aus einem Wurzelstock, aufrecht, stark, beblättert, wenig verzweigt, grün, samtartig behaart.

Blätter: Wechselständig, kurzgestielt, dreieckig-herzförmig, spitz, drei- bis fünflappig, gekerbt-gesägt, graugrün, behaart. Obere Stengelblätter eiförmig, spitz, weniger tief gelappt, gesägt, kleiner.

Blüten: In Trauben, kurzgestielt, teils büschelig gehäuft, fünf Kronblätter, verkehrt-herzförmig, 10–20 mm lang, rosa oder weiß, leicht ausgerandet. Staubblätter kugelig rund, büschelig. Fruchtknoten filzig behaart.

Blütezeit: Juli bis September.

Standort: Bis 900 m, warme, feuchte Böden. Hänge, Heckenränder, Binsenwiesen, Feuchtwiesen, Schutt. Zerstreut! Nicht häufig!

Verbreitung: Alpen, Mittel- und Südeuropa.

Wirksame Pflanzenteile: Wurzel, Blüten, Blätter.

Sammelzeit: Wurzel im Herbst, Blätter im Juni, Blüten Juli bis August.

Aufbewahrung: Wurzel waschen, zerkleinern, wie Blätter und Blüten im Schatten oder Backrohr trocknen.

Inhaltsstoffe: Kohlehydrate, Schleimstoffe, Asparagin, Vitamin, Pektin, Stärke, Mineralstoffe, fettes Öl, Lezithin, Enzyme, Gerbstoff, Apfelsäure, Phosphor.

Medizinische Eigenschaften: Husten lindernd, entzündungshemmend, erweichend, wirksam bei Bronchial- und Luftröhrenkatarrh, bei Koliken und Ruhr.

Zubereitung: Brei aus frischen Pflanzenteilen: Eibischwurzel und Blätter von Nachtviole, Huflattich, Waldmeister, Hanf. Absud: 30 g Wurzeln auf 1 Liter Wasser 10 Minuten kochen lassen. Aufguß: 36 g Blüten auf 1 Liter siedendes Wasser 10 Minuten ziehen lassen; Sirup: 40 g Wurzeln auf 1 Liter Wasser, 15 Minuten kochen lassen, abseihen; mit 1,5 kg Zucker nochmals kochen, dann abfüllen. Aufguß bei Husten: 24 g Pflanzenteile in 1 Liter kochendem Wasser 5 Minuten ziehen lassen.

Volksmedizinische Anwendung: Innerlich und äußerlich. Breiumschlag bei Abszessen. Absud für Augenbad: 2mal täglich. Aufguß bei Blasenentzündung: 2–3 Tassen täglich. Sirup gegen Husten: Täglich 2–4 Eßlöffel. Bei Zahnfleischentzündung: Mundbäder mit Absud. Aufguß bei Husten: Täglich 3 Tassen. Auszug bei Heiserkeit: 28 g Pflanzenteile verwenden.

Achtung: Nicht in Behältnissen aus Eisen aufbewahren, nicht mit Alkohol verwenden!

Gemeiner Erdrauch

Fumaria officinalis

Familie: Mohngewächse, Papaveraceae.

Stengel: 15–40 cm lang, aufrecht oder aufsteigend, verzweigt, beblättert, rund, zart, blaugrün, kahl.

Blätter: Zweifach gefiedert, mit lanzettlichen Blattzipfeln, gestielt, blaugrün, nicht selten eingerandet, ca. 3 mm breit.

Blüten: Endständige, dichte Blütentrauben, Krone länglich, aus vier Blütenblättchen, das obere mit spornartiger Aussackung, rosa bis hellrot mit schwarzroter Spitze. Kelchblättchen klein, abfallend, zwei Staubblättchen.

Blütezeit: Mai bis Oktober.

Standort: Bis 1400 m, lehmige, lockere Böden. Schutthalden, Steinbrüche, Unkrautbestände, Weinberge, Hecken, Waldränder. Häufig!

Verbreitung: Alpen, fast ganz Europa.

Wirksame Pflanzenteile: Ganze Pflanze mit Blüten.

Sammelzeit: Von Mai bis September.

Aufbewahrung: Gebündelt im Backrohr trocknen.

Inhaltsstoffe: Bitterstoff, Kalium, Schleim, Alkaloid, Gerbstoff, Harz.

Medizinische Eigenschaften: Blutreinigend, appetitanregend, wundreinigend, tonisch.

Zubereitung: Aufguß A: 54 g Erdrauchsprosse in 1 Liter kochendem Wasser 15 Minuten ziehen lassen. Aufguß B: 18 g Erdrauchsprosse in 1 Liter kochendem Wasser 10 Minuten ziehen lassen. Aufguß C: 28 g Erdrauchsprosse in 1 Liter kochendem Wasser 10 Minuten ziehen lassen. Aufguß D: 42 g frische Pflanzen in 1 Liter kochendem Wasser 15 Minuten ziehen lassen.

Volksmedizinische Anwendung: Innerlich und äußerlich. Bei Asthenie: Aufguß A täglich drei Tassen zwischen den Mahlzeiten. Bei zu geringer Gallentätigkeit: Aufguß A 8 Tage lang täglich 2 Tassen. Bei Ekzemen: Aufguß B 2mal täglich 1 Tasse. Zur Blutreinigung: Aufguß C 10 Tage lang 3mal 1 Tasse. Bei Hautflechte: Mit Aufguß D die Flechten morgens und abends bestreichen. Bei Nesselfieber: Mit Aufguß A die betreffenden Körperstellen bestreichen oder sie in Aufguß A eintauchen. Bei Arteriosklerose: Aufguß A während 8 Tagen pro Monat täglich 1 Tasse.

Rote Fetthenne

Sedum lelephium

Familie: Dickblattgewächse, Crassulaceae.

Stengel: 15–55 cm hoch, aufrecht, stark, rund, kahl, wenig verzweigt, beblättert.

Blätter: Wechsel- oder quirlständig, länglich eiförmig, gezähnt, fleischig, breit, flach, 2–6 cm lang.

Blüten: In Doldenrispen am Stengelende, Einzelblütchen bis 10 mm Durchmesser, fünfzipfelig, rosa bis purpur. Fünf Staubblättchen, meistens etwas dunkler.

Blütezeit: Juni bis September.

Standort: Bis 1700 m, Kalk- und Silikatgestein, Waldrand, Gebüschrand, an Mauern und steinigen Rainen, Blockhalden, steinige Abhänge.

Verbreitung: Alpen, Pyrenäen.

Wirksame Pflanzenteile: Ganze Pflanze, frischer Saft.

Sammelzeit: Juni bis Juli.

Aufbewahrung: Pflanzen gut durchlüftet, rasch im Schatten trocknen. Blätter können auch in Speiseöl konserviert werden.

Inhaltsstoffe: Gerbstoffe, Glykoside, Flavonoide, Schleim, Zucker, Mineralsalze.

Medizinische Eigenschaften: Adstringierend, erweichend, wundheilend, wundreinigend.

Zubereitung: Breiumschlag: Aus frischen oder in Olivenöl eingelegten Blättern. Kompressen: Rohe, zerstoßene Blätter auflegen.

Volksmedizinische Anwendung: Äußerlich. Breiumschlag bei Hämorrhoiden. Frischer Saft bei Hautflechte: Die befallenen Hautstellen morgens und abends bestreichen. Breiumschlag bei Verbrennungen der Haut. Kompressen zur Wundheilung: Auf die Wunde auflegen, täglich zweimal wechseln. Frische, rohe Blätter bei Quetschungen auf die betroffene Stelle auflegen.

Echter Gamander

Teucrium chamaedrys

Familie: Lippenblütler, Labiatae.

Stengel: 12–25 cm lang, niederliegend-aufsteigend, rund, grün-braun, behaart, beblättert, verzweigt.

Blätter: Wechselständig, kurzgestielt, breit-lanzettlich, grün, oben glänzend, unten matt, behaart, gekerbt.

Blüten: Quirlig in den Blattachseln und ährig zum Stengelende. Krone ohne Oberlippe, fünflappige Unterlippe, rosa bis purpurfarben. Staubblättchen weit hervorragend. Wurzelstock lang, kriechend, aromatisch.

Blütezeit: Mai bis September.

Standort: 800–2200 m, Kalk- und Dolomitgestein. Trockene Bergwiesen, steinige Weiden, Gebüschrand, Blockfluren. Nicht häufig! Jedoch meistens in Gruppen.

Verbreitung: Alpen, Apennin, Pyrenäen, Karpaten.

Wirksame Pflanzenteile: Blühende Sproßspitzen, Blätter.

Sammelzeit: Mai bis September.

Aufbewahrung: Blätter und Sproßspitzen gut durchlüftet, rasch im Schatten trocknen.

Inhaltsstoffe: Ätherisches Öl, Gerbstoffe, Bitterstoffe, Kieselsäure.

Medizinische Eigenschaften: Antiseptisch, fiebersenkend, Gallensekretion fördernd, magenwirksam, tonisierend, verdauungsfördernd, wundheilend.

Zubereitung: Gamanderwein: 42 g getrocknete, blühende Sproßspitzen in 1 Liter kochendem Wein 15 Minuten ziehen lassen, filtrieren, abfüllen und verschlossen aufbewahren. Tinktur: 6 g getrocknete, blühende Sproßspitzen und Blätter 1 Woche lang in 50 ml 60prozentigem Alkohol ziehen lassen, filtrieren, in kleinen getönten Flaschen verschlossen aufbewahren.

Volksmedizinische Anwendung: Innerlich und äußerlich. Gamanderwein gegen Appetitlosigkeit: 1 Gläschen vor den Mahlzeiten. Tinktur bei Verdauungsstörungen: Vor den Mahlzeiten 20 Tropfen auf 1 Glas leicht gezuckertes, lauwarmes Wasser.

Dornige Hauhechel

Ononis spinosa

Familie: Schmetterlingsblütler, Papilionaceae.

Stengel: 30–60 cm hoch oder aufsteigend, mehrere aus einer Pfahlwurzel, Zwergstrauch, drüsenhaarig, beblättert, braun-rot, verzweigte Seitentriebe, teilweise dornig.

Blätter: Eilanzettlich, gesägt-gezähnt, grasgrün, kahl, wechselständig und quirlig, an der Spitze der Zweige angehäuft und kleiner.

Blüten: Blattwinkelständig, einzeln aber auch paarweise, Krone länglich, bis 2 cm lang, rosa-purpurfarbene, am Grunde weißliche Schmetterlingsblüten. Kelchblätter lang-lanzettlich, spitz, grün.

Blütezeit: Juni bis September.

Standort: Bis 1800 m, kalkhaltige oder lehmige Böden. Bergwiesen, Hochwälder. Verhältnismäßig häufig.

Verbreitung: Alpen, Pyrenäen, Apennin.

Wirksame Pflanzenteile: Blätter, Blüten, Wurzeln.

Sammelzeit: Mai bis Oktober.

Aufbewahrung: Ganze Pflanze luftig und rasch wie die gewaschenen Wurzeln trocknen.

Inhaltsstoffe: Ätherisches Öl, Gerbstoff, Glykoside, Harz, Orocol, Ononid, Ononin, Stärke, fettes Öl, Phytosterin.

Medizinische Eigenschaften: Adstringierend, antiseptisch, blutreinigend, harntreibend, schweißtreibend, gegen Gicht und Rheuma, bei Schwächezuständen der Blase.

Zubereitung: Absud: 32 g zerkleinerte Wurzeln in 1 Liter Wasser 15 Minuten leicht kochen lassen, abseihen. Aufguß: 28 g Blüten und Blätter in 1 Liter kochendem Wasser 12 Minuten ziehen lassen.

Volksmedizinische Anwendung: Innerlich und äußerlich. Absud als Gurgelwasser bei Angina. Absud bei Blasenentzündung: Tagesmenge von 1 Liter in drei Portionen trinken. Aufguß bei Ödem: 3 Wochen lang täglich 3 Tassen trinken. Aufguß bei Nierensteinen: Täglich 3 Tassen trinken.

Alpenhauswurz

Sempervivum alpinum

Familie: Dickblattgewächse, Crassulaceae.

Stengel: 10–40 cm hoch, aufrecht, stark, beblättert, mit schuppenartigen Blättchen, drüsig, grün.

Blätter: Blattrosetten 8–10 cm Durchmesser, eiförmig, spitz, fleischig, grün mit bräunlichem Schimmer, bewimpert, Stachelspitze braunrot. Stengelblättchen breit-lanzettlich, spitz, grün, sitzend, herablaufend.

Blüten: Kopfig gehäuft am Stengelende, an kurzen Stielchen, Einzelblüten ca. 15–30 mm breit, 12–14 Kronblättchen, linealisch spitz, rosa bis blaßrot, etwas dunkler gestreift. Staubblättchen aufrecht mit gelb-roten Endblättchen, Griffel purpurn.

Blütezeit: Juli bis September.

Standort: 1200–2400 m, vorwiegend auf Kalk- und Schiefergestein. Felsfluren, Blockhalden, Bergwiesen, an Felsen, Hängen. Zerstreut!

Verbreitung: Alpen, Pyrenäen.

Wirksame Pflanzenteile: Blätter, Saft.

Sammelzeit: Juli bis August.

Aufbewahrung: Blätter und Saft aus Blättern frisch verwenden.

Inhaltsstoffe: Gerbstoff, Apfel- und Ameisensäure, Harz und Schleimstoff.

Medizinische Eigenschaften: Adstringierend, erweichend, krampflösend, wundheilend, wirkt bei Blasenkrankheiten, Magengeschwüren und zur Blutreinigung.

Zubereitung: Frische Blätter gegen entzündete Augen leicht zerdrücken und auf die geschlossenen Augen auflegen. Aufguß: 12 g Blätter in 1 Liter kochendem Wasser 10 Minuten ziehen lassen. Saft gegen Hautflechte mit zweihundertfach Wasser verdünnen.

Volksmedizinische Anwendung: Innerlich und äußerlich. Blätter auflegen bei entzündeten Augenlidern. Aufguß bei Durchfall: Alle 2 Stunden 1 Glas trinken. Frischer Saft bei Hautflechte: Die betroffenen Stellen mehrmals bestreichen. Breiumschlag bei Hämorrhoiden: Frische, zerstoßene Blätter auflegen, mehrmals wechseln. Frischer Saft bei Hühneraugen: Kompresse 4mal täglich wechseln. Frische zerstoßene Blätter bei Verbrennungen auflegen. Frische Blätter zur Wundheilung: Rohe zerstoßene Blätter auf die Wunde auflegen.

Heidekraut

Calluna vulgaris

Familie: Heidekrautgewächse, Ericaceae.

Stengel: Zwergstrauch, ca. 5–50 cm hoch, niederliegend bis aufsteigend, Stielchen beblättert, unten verholzt.

Blätter: Vierreihig, ganz klein, lineal-lanzettlich, dachziegelartig immergrün.

Blüten: In einseitswendigen dichten Trauben, Glöckchen nickend, kurz gestielt, vier Kronblättchen und vier Kelchblättchen, rosa bis blaßviolett, acht winzige Staubblättchen, reichlich Nektar spendend.

Blütezeit: August bis Oktober.

Standort: Bis 2500 m, eher auf sauren Böden. Flach- und Hochmoore, Heiden, sandige Matten, Wiesen, Magerrasen, Kiefernwälder, Nadelforste. Häufig! Örtlich reichlich, dichte Bestände.

Verbreitung: Alpen, Pyrenäen, Apennin, Norwegen.

Wirksame Pflanzenteile: Blühende Sproßspitzen mit Blättchen.

Sammelzeit: Juli bis Oktober.

Aufbewahrung: Blühende Sproßspitzen frisch verwenden, aber auch getrocknet anwendbar.

Inhaltsstoffe: Arbutin, Ericolin, Flavonglykoside, Gerbstoff, organische Säuren, Stärke, Zucker, Gummi, Mineralstoffe (Kalk und Kieselsäure).

Medizinische Eigenschaften: Adstringierend, antiseptisch, harntreibend.

Zubereitung: Absud: 40 g frische blühende Sproßspitzen in 1 Liter Wasser 10 Minuten kochen lassen, abseihen. Aufgußmischung: Je 12 g von Glaskraut, Weiße Taubnessel, Ackerschachtelhalm und Heidekraut in 1 Liter kochendem Wasser 10 Minuten ziehen lassen. Aufguß bei Durchfall: 28 g blühende Sproßspitzen in 1 Liter siedendem Wasser 2 Minuten kochen und 2 Minuten ziehen lassen, abseihen. Absud bei Nierenentzündung: 25 g blühende Sproßspitzen in 1 Liter Wasser 15 Minuten kochen lassen.

Volksmedizinische Anwendung: Innerlich und äußerlich. Absud bei Albuminurie: Täglich die Menge von 1 Liter einnehmen. Aufguß als Bad zur Muskelstärkung. Absud gegen Bettnässen: Täglich 2 Tassen vor 18 Uhr trinken. Aufgußmischung bei Blasenentzündung: Täglich 4 Tassen trinken. Aufguß bei Durchfall: Tagsüber verwenden. Heidekrautabsud bei Nierenentzündung: Täglich 4 Tassen trinken. Tee bei Gicht und Rheuma, Nieren- und Gallensteinen: Täglich 3 Tassen trinken.

Hundsrose (Heckenrose)

Rosa canina

Familie: Rosengewächse, Rosaceae.

Stengel: 1–4 m hoher Strauch, mehrere Sproße, Einzelsproße rund, holzig, unten braun, oben grün, beblättert, dornig, verzweigt.

Blätter: Unpaarig gefiedert, 5–7 eiförmige Einzelblättchen, kahl, grün, gesägt.

Blüten: Einzeln oder wenige an den Zweigenden, Einzelblüten 2–6 cm Durchmesser, fünf Kronblättchen, verkehrt eiförmig, eingerandet, hellrosa bis hellpurpurn, Kelchblättchen anliegend, grün, gezähnt, zahlreiche gelbe Staubblättchen. Rote Scheinfrucht (Hagebutte) mit vielen Samen.

Blütezeit: Juni bis August.

Standort: Bis 1700 m, auf unterschiedlichen Böden. Hecken, Wegränder, Waldrand, Weiden, Auen, steinige Wiesen. Nicht häufig!

Verbreitung: Alpen, Apennin, Pyrenäen, fast ganz Europa.

Wirksame Pflanzenteile: Blätter, Hagebutten, Blütenknospen.

Sammelzeit: Blätter im Mai bis Juni, rote Hagebutten vom August bis November.

Aufbewahrung: Blätter und Blütenknospen gut durchlüftet, rasch im Schatten trocknen. Hagebutten, halbiert oder ganz, rasch an der Sonne trocknen.

Inhaltsstoffe: Gerbstoff, Pektin, ätherisches Öl, Dextrose, Carotin, Apfel- und Zitronensäure, Vitamin A, B, C, E.

Medizinische Eigenschaften: Abführend, adstringierend, hilft bei Husten, bei Durchfällen und bei Darmkatarrh sowie bei Vitaminmangel, harntreibend, narbenbildend, tonisierend.

Zubereitung: Absud: 28 g zerkleinerte Hagebutten in 1 Liter Wasser, 1 Stunde einweichen, 3 Minuten kochen und 15 Minuten ziehen lassen. Hagebuttengelee: Früchte mit Wasser 30 Minuten kochen, auspressen, filtrieren, Saft gewichtsgleich mit Zucker und dem Saft einer Zitrone vermischen, unter Rühren 30 Minuten kochen lassen, abfüllen. Sirup: 190 g Hagebutten in $\frac{1}{2}$ Liter Wasser aufweichen, ausdrücken, dem Saft gleichgewichtig Zucker beimischen, unter Umrühren einkochen lassen, abfüllen.

Volksmedizinische Anwendung: Innerlich und äußerlich. Absud bei Angstzuständen: Täglich 6 Tassen trinken. Hagebuttengelee bei Astenie: Täglich 2–3 Eßlöffel einnehmen. Hagebuttensirup gegen Durchfall: Täglich 3 Eßlöffel. Absud wie beschrieben bei Nierensteinen: Täglich 3 Tassen trinken. Aufguß von Blüten und Blättern zur Tränkung von Kompressen bei Verbrennungen.

Katzenpfötchen

Antenaria dioica

Familie: Korbblütler, Asteraceae.

Stengel: 6–20 cm hoch, aufrecht oder aufsteigend, rund, stark, einzeln, beblättert, hellgrün, weißfilzig, behaart.

Blätter: Rosettenblätter, verkehrt-eiförmig bis spatelig, grün, oberseits kahl, unterseits weißfilzig, ganzrandig. Stengelblättchen lanzettlich-lineal, oben kahl, unterseits weißfilzig, hellgrün.

Blüten: Endständige Trugdolde, kleine Körbchen aus Röhrenblütchen, purpurrot oder weißlich. Hüllblättchen breitlanzettlich, klein, rosenrot oder weißlich.

Blütezeit: Mai bis Juli.

Standort: Bis 3000 m, leicht saure, sandige Böden. Moorwiesen, Halbtrockenrasen, Waldlichtungen, Bergwiesen, Weiden, Matten. Nicht häufig! Gesellig.

Verbreitung: Alpen, Apennin, Pyrenäen, Norwegen.

Wirksame Pflanzenteile: Blütenköpfchen.

Sammelzeit: Mai bis Juli.

Aufbewahrung: Gut durchlüftet, rasch im Schatten trocknen.

Inhaltsstoffe: Gerbstoff, Harz, Schleimstoff.

Medizinische Eigenschaften: Antiseptisch, Auswurf fördernd, erweichend, fiebersenkend, gallentreibend, wundheilend, Husten lindernd.

Zubereitung: Aufguß: 18 g Blüten in 1 Liter kochendem Wasser 6 Minuten ziehen lassen, erkalten lassen und abseihen. Aufguß bei Bronchitis: 25 g Blüten in 1 Liter kochendem Wasser 12 Minuten ziehen lassen, abseihen. Absud: 12 g Blüten in 1 Liter Wasser 25 Minuten kochen lassen, abseihen. Aufguß zur Wundwaschung: 18 g Blüten in 1 Liter kochendem Wasser 12 Minuten ziehen lassen.

Volksmedizinische Anwendung: Innerlich und äußerlich. Aufguß bei zu geringer Gallenblasentätigkeit: Täglich 2 Tassen trinken. Aufguß bei Bronchitis: Täglich 3 Tassen trinken. Absud bei Fieber: Tagsüber in 3 Portionen trinken. Aufguß zur Wundwaschung: Mehrmals täglich wiederholen.

Große Klette

Arctium lappa

Familie: Korbblütler, Asteraceae.

Stengel: 40–160 cm hoch, aufrecht, strauchartig, mehrere Stengel, verzweigt, rund-gefurcht, grün-braunrot, beblättert, sehr kräftig.

Blätter: Wechselständig, gestielt, sehr groß, rund bis herzförmig, ganzrandig, behaart, netznervig, unterhalb graufilzig.

Blüten: An den Stengeln endständig, in rispigen Trugdolden. Einzelkörbchen kugelig, 2–3,5 cm Durchmesser, nur Röhrenblütchen, Einzelblütchen aufrecht, purpurn bis weinrot. Hüllblättchen grün, spitz hakig. Wurzel spindelförmig, lang, bittersüß.

Blütezeit: Juli bis September.

Standort: Bis 1700 m, auf unterschiedlichen Böden. Uferbereiche, Schuttplätze, an Hecken, Blockhalden. Ziemlich häufig!

Verbreitung: Alpen, fast ganz Europa.

Wirksame Pflanzenteile: Wurzeln, Blätter, Samen.

Sammelzeit: Wurzeln im Herbst, Blätter und Samen Mai bis Juni.

Aufbewahrung: Wurzeln waschen, zerkleinern, frisch verwenden. Samen und Blätter schattig, rasch trocknen.

Inhaltsstoffe: Ätherisches Öl, Gerbstoffe, Glykoside, Harz, Kalium.

Medizinische Eigenschaften: Antiseptisch, antidiabetisch, blutreinigend, Gallensekretion fördernd, harntreibend, schweißtreibend.

Zubereitung: Absud: 45 g frische Wurzeln in 1 Liter Wasser 15 Minuten kochen lassen. Breiumschlag: Einige Blätter in Milch kochen und verwenden. Breiumschlag bei Gicht: Frische Blätter zerstoßen auflegen. Absud: 95 g Wurzeln in 1 Liter Wasser 15 Minuten kochen lassen. Absud bei Masern: 60 g frische Wurzeln in 1 Liter Wasser 10 Minuten kochen lassen. Absud bei Nierensteinen: 28 g Wurzeln in 1 Liter Wasser 5 Minuten kochen und 10 Minuten ziehen lassen, abseihen.

Volksmedizinische Anwendung: Innerlich und äußerlich. Blätter zum Auflegen auf Abszesse: Täglich erneuern. Absud bei Akne: Täglich 3 Tassen vor den Mahlzeiten. Absud bei Diabetes: Täglich 3 Tassen trinken. Breiumschlag bei Eiterflechte: Mittels Tuch lauwarm auflegen. Absud bei Gicht: Auf das betroffene Gelenk auflegen. Absud bei Hautflechte: Die betroffenen Stellen morgens und abends bestreichen. Absud bei Masern: Erwachsene alle 5 Minuten 1 Kaffeelöffel voll einnehmen. Absud bei Nierensteinen: Täglich 3 Tassen trinken.

Männliches Knabenkraut

Orchis mascula

Familie: Knabenkräuter, Orchidaceae.

Stengel: 20–60 cm hoch, aufrecht, stark, rund, grün-braun, beblättert, kahl, unverzweigt, meist kahl.

Blätter: Grundständig, breit-lanzettlich, gestielt, leicht fleischig, grün, ungefleckt, Stengelblättchen wechselständig, lanzettlich, herablaufend, parallelnervig, Tragblättchen lanzettlich, anliegend, violettrot.

Blüten: In walzlicher Ähre. Einzelblütchen 12–15 mm lang, äußere Hüllblätter (Sepalen) geschwungen, Rand gewellt, hochgeschlagen, innere Hüllblätter (Petalen) über dem Säulchen zusammengeneigt. Lippe dreilappig, gekerbt und gewellt, violettrot oder hellrosa. Sporn waagrecht oder aufwärts gerichtet, gleich lang wie der Fruchtknoten.

Blütezeit: Mai bis August.

Standort: 800–1800 m, kalkhaltige und saure Böden. Nasse Wiesen, Weiden, Auen, Sumpfwiesen, Matten, Bergwiesen. Nicht häufig!

Verbreitung: Alpen, Apennin, Pyrenäen. Geschützt!

Wirksame Pflanzenteile: Die noch mit Nährstoffen angereicherte jüngere, feste Knolle, die die Knospen für das kommende Jahr trägt.

Sammelzeit: Nach der Blüte.

Aufbewahrung: Knolle abbrühen, schälen, gut durchlüftet, schnell an der Sonne oder im Backofen trocknen.

Inhaltsstoffe: Cumarin, Stärke, Schleimstoffe, Fette, Eiweiß, Mineralsalze, Proteide.

Medizinische Eigenschaften: Heilend bei Durchfall, erfrischend, erweichend, reizmindernd, stärkend.

Zubereitung: Wurzel pulverisieren, mit heißem Wasser, Milch oder Suppe anrühren. Schleim zur Stärkung: 3 Teelöffel voll in 1/4 Liter Wasser 30 Minuten leicht kochen, filtrieren, mit Zucker oder Honig leicht süßen.

Volksmedizinische Anwendung: Innerlich. Als Schleim bei Durchfällen, Entzündungskrankheiten, Reizung der Atmungs- und Verdauungsorgane: Täglich 2–3 Teelöffel in Milch oder Suppe einnehmen. Schleim zur Stärkung.

Schlangenknöterich

Polygonum bistorta

Familie: Knöterichgewächse, Polygonaceae.

Stengel: 25–100 cm hoch, aufrecht, zart, rund, grün, beblättert, mehrere aus einem schlangenartig gekrümmten Wurzelstock entspringend, unverzweigt, kahl, durch Knoten gegliedert.

Blätter: Wechselständig, die unteren langgestielt, länglich-lanzettlich, spitz, die oberen kleiner, sitzend oder stengelumfassend, grün, glänzend, unterseits graugrün.

Blüten: In endständiger, dichter Ähre, walzlich. Einzelblütchen mit fünf Kronblättchen, rosa bis blaßrosa, acht Staubblättchen. Ähre bis 8 cm lang, 1,5–2 cm Durchmesser.

Blütezeit: Mai bis August.

Standort: Bis 2400 m, auf fetten, feuchten Böden. Feuchtwiesen, Felder, Weiden, lichte Wälder, Hochstaudenfluren, Bergwiesen, Lagerstellen des Viehs. Häufig, gesellig! Stellenweise beachtliche Bestände.

Verbreitung: Alpen, Apennin, Pyrenäen (Mitteleuropa).

Wirksame Pflanzenteile: Wurzelstock.

Sammelzeit: September bis Oktober.

Aufbewahrung: Wurzeln waschen, in Scheiben schneiden und an der Sonne trocknen.

Inhaltsstoffe: Oxalsäure, Vitamin C, Kohlehydrate, Gerbstoffe.

Medizinische Eigenschaften: Wundheilend, tonisierend, adstringierend, gegen Durchfall.

Zubereitung: Gurgelwasser: 54 g Wurzeln in 1 Liter Wasser 10 Minuten kochen lassen. Absud: 30 g Wurzeln in 1 Liter Wasser 5 Minuten kochen und 5 Minuten ziehen lassen.

Volksmedizinische Anwendung: Innerlich und äußerlich. Gurgelwasser bei Angina: Mehrmals untertags. Absud gegen Blutungen: 3mal täglich 1 Glas. Absud zur Wundheilung: Adstringierend, mehrmals waschen.

Anwendungshinweise und Dosierung beachten! Keine Gefäße aus Eisen verwenden.

Löwenschwanz

Leonurus cardiaca

Familie: Lippenblütler, Labiatae.

Stengel: 40–160 cm hoch, aufrecht, mehrere aus einem kräftigen Wurzelstock, steif, vierkantig, verzweigt, behaart, grün, beblättert.

Blätter: Gegenständig, gestielt, handförmig, drei bis fünfspaltig, gezähnt, die oberen dreilappig, grün, beiderseits weichhaarig.

Blüten: In Scheinquirlen aus den Blattachseln, Blütchen blaß- bis fleischrot, Oberlippe zottig behaart, Unterlippe purpurn gezeichnet, 8–12 mm lang.

Blütezeit: Juni bis September.

Standort: Bis 1600 m, auf Kalk- und Silikatgestein. Unkrautfluren, Schuttplätze, Auen, Kahlschläge, Wegrand, Raine, Hecken. Nicht häufig!

Verbreitung: Alpen.

Wirksame Pflanzenteile: Blühende Sproßspitzen.

Sammelzeit: Juli bis September (Oktober).

Aufbewahrung: Sproßspitzen frisch verwenden.

Inhaltsstoffe: Alkaloide, ätherisches Öl, Glykoside, Bitterstoff, Gerbstoff.

Medizinische Eigenschaften: Auswurf fördernd, krampflösend, narbenbildend, tonisierend, Menstruation regulierend.

Zubereitung: Aufguß: 24 g Sproßspitzen in 1 Liter Wasser 10 Minuten ziehen lassen. Aufguß bei Bronchitis: 30 g frische Sproßspitzen in 1 Liter kochendem Wasser 8 Minuten ziehen lassen.

Volksmedizinische Anwendung: Innerlich und äußerlich. Aufguß bei Blähungen: Täglich 1 Tasse nach den Mahlzeiten. Aufguß bei Bronchitis: Täglich 3 Tassen trinken. Aufguß bei Durchfall: Täglich 2 Tassen trinken. Aufguß bei Herzklopfen: 1 Tasse täglich.

Wilde Malve

Malva silvestris

Familie: Malvengewächse, Malvaceae.

Stengel: 30–100 cm hoch oder lang, aufrecht oder aufsteigend, verzweigt, beblättert, stark, behaart, grün.

Blätter: Wechselständig, gestielt, fünf- bis siebenlappig, grün, gesägt, obere Stengelblätter kleiner, spitz, gekerbt-gesägt, Blattstengel behaart.

Blüten: Aus den Blattachseln, gestielt, Krone ausgebreitet, fünf Kronblätter 20–30 mm lang, tief eingebuchtet, herzförmig, rosa bis purpurn, dunkler geadert. Kelch kurz, drei Außenkelchblätter mit dem glockigen Blütenkelch verwachsen. Zahlreiche kleinere Staubblätter, rosa bis violett.

Blütezeit: Juli bis Oktober.

Standort: Bis 1000 m, auf warmen, trockenen Böden. Hecken, Mauern, Schutthalden, Böschungen, Unkrautfluren. Häufig zerstreut, dennoch gebietsweise fehlend.

Verbreitung: Alpen, fast ganz Europa.

Wirksame Pflanzenteile: Wurzel, Blätter, Blüten.

Sammelzeit: Wurzel im Herbst, Blätter vor der Blüte, Blüten kurz vor dem vollen Erblühen.

Aufbewahrung: Wurzel waschen, zerkleinern und so wie Blätter und Blüten schattig, schnell trocknen.

Inhaltsstoffe: Anthocyane, Schleimstoffe, Vitamin A, B 1, B 2 und C, Gerbstoff, Stärke, Malvin.

Medizinische Eigenschaften: Entzündungshemmend, Husten lindernd, Magen anregend, gegen Bronchitis.

Zubereitung: Tee: 18 g Blüten in 1 Liter Wasser 8 Stunden ziehen lassen, leicht angewärmt einnehmen. Breiumschlag: Aus Wurzeln und frischen Blättern erhitzen und auflegen. Absud für Inhalationen: 46 g Blüten und getrocknete Blätter in 1 Liter Wasser 10 Minuten kochen lassen.

Volksmedizinische Anwendung: Innerlich und äußerlich. Tee bei Husten zur Auswurfförderung: Täglich 3 Tassen 3 Wochen lang. Tee als Gurgelwasser bei Schleimhautentzündungen im Hals und Mund. Breiumschlag bei Abszeß: Alle 2 Stunden erneuern. Inhalationen bei Asthma: Mehrmals täglich Tee bei Bronchitis.

Roßminze

Mentha longifolia

Familie: Lippenblütler, Labiatae.

Stengel: 25–70 cm hoch, aufrecht, rund, grün, dicht grauhaarig, beblättert, ästig.

Blätter: Gegenständig, sitzend, breit-lanzettlich, gesägt, grün, dicht grauhaarig, zum Stengelende wesentlich kleiner werdend, die unteren 5–10 cm lang und bis 3 cm breit.

Blüten: Am Stengelende und auf den Ästchen in langen, dichten Scheinähren. Einzelblütchen blaßlila bis purpurn, in vielen Blütenquirlen.

Blütezeit: Juli bis September.

Standort: Bis 1800 m, auf Kalk- und Silikatgestein. Feuchte, lehmige Böden, Quellfluren, feuchte Auen, Uferbereiche, Bergwiesen. Sehr häufig! Meistens in größeren Beständen.

Verbreitung: Alpen, fast ganz Europa.

Wirksame Pflanzenteile: Blätter und blühende Sproßspitzen.

Sammelzeit: Juli bis Oktober.

Aufbewahrung: Pflanzen abschneiden und in Sträußen, schattig trocknen, in Dosen verschlossen aufbewahren.

Inhaltsstoffe: Ätherische Öle (Mentholverbindungen), Gerbstoffe.

Medizinische Eigenschaften: Krampflösend, schmerzlindernd, tonisierend, verdauungsfördernd, antiseptisch, gallentreibend, windtreibend.

Zubereitung: Aufguß folgender Mischung bei Astma: 24 g getrocknete Blätter von Mexikanischem Teekraut und 18 g getrocknete Minzeblätter in 1 Liter kochendem Wasser 10 Minuten ziehen lassen, abseihen. Tee bei Verdauungsstörungen: 18 g getrocknete Blätter in 1 Liter kochendem Wasser 12 Minuten ziehen lassen.

Volksmedizinische Anwendung: Innerlich und äußerlich. Aufguß bei Astma: Täglich 2 Tassen trinken. Tee bei Verdauungsstörungen: 1 Jahr lang täglich zwei Tassen trinken.

Pfefferminze

Mentha piperita

Familie: Lippenblütler, Lamiaceae.

Stengel: 20–50 cm hoch, aufrecht oder aufsteigend, kahl aber auch kantig, grün, beblättert, ästig.

Blätter: Gegenständig, gestielt, breit lanzettlich, leicht gezähnt, dunkelgrün, stark aromatisch.

Blüten: An allen Zweigenden in langen walzigen Scheinähren. Einzelblütchen blaßrosa bis hellpurpurn, stark aromatisch.

Blütezeit: Juni bis September.

Standort: Bis 1500 m, auf unterschiedlichen Böden. In Bauerngärten, Rainen, an Steinablagerungen, Schuttplätze, Steinbrüche, Weiden, Bergwiesen. Nicht häufig, örtlich gesellig!

Verbreitung: Alpen, fast ganz Europa.

Wirksame Pflanzenteile: Blätter, Sproßspitzen.

Sammelzeit: Juni bis August (September).

Aufbewahrung: Blätter gut luftig, rasch, schattig trocknen, können aber auch frisch verwendet werden.

Inhaltsstoffe: Ätherisches Öl, (Menthol) Bitterstoff, Gerbstoff, Oxydase, Katalase.

Medizinische Eigenschaften: Antiseptisch, krampflösend, sedativ, schmerzstillend, stimulierend, verdauungsfördernd, gallentreibend.

Zubereitung: Aufguß: 45 g Blätter in 1 Liter kochendem Wasser 10 Minuten ziehen lassen. Aufguß gegen Kopfschmerzen: 25 g Blätter und Sproßspitzen in 1 Liter kochendem Wasser 10 Minuten ziehen lassen, abseihen. Aufguß für Dampfbad: 48 g Blätter auf 1 Liter kochendes Wasser, heiß anwenden. Tee zur Verdauung: 35 g frische Blätter in 1 Liter heißem Wasser 10 Minuten ziehen lassen.

Volksmedizinische Anwendung: Innerlich und äußerlich. Aufguß gegen Blähungen: Täglich 3 Tassen nach den Mahlzeiten. Aufguß auch bei Übelkeit anwendbar: 1 Tasse trinken. Aufguß gegen Kopfschmerzen: 1 Tasse trinken. Aufguß gegen Krämpfe: Täglich 2 Tassen möglichst warm trinken. Aufguß für Dampfbad bei Gesichtsneuralgie. Tee zur besseren Verdauung: Täglich 3 Tassen zwischen den Mahlzeiten trinken. Pfefferminzöl für Einreibungen bei örtlichen Schmerzen.

Bittersüßer Nachtschatten

Solanum dulcamara

Familie: Nachtschattengewächse, Solanaceae.

Stengel: 20–60 cm hoch, aufrecht, stark, beblättert, grün, kahl, kletternder Halbstrauch, verzweigt, als Kletterpflanze teilweise auch länger.

Blätter: Wechselständig, länglich-herzförmig, lang-spitz, groß, ausgeprägt, netznervig, gestielt, grün, ganzrandig.

Blüten: Langgestielt, Blütenkrone radförmig, mit 5 Zipfeln, violett bis dunkelviolett, später zurückgebogen. 5 Staubblätter zu einem Kegel zusammengeneigt, schwach duftend. Fruchtknoten oberständig.

Blütezeit: Juni bis August.

Standort: Bis 1800 m, auf nährstoff- und stickstoffreichen Böden. Lichte Mischwälder, Blockhalden, Hochstaudenfluren, Grünerlenbestände. Nicht häufig!

Verbreitung: Alpen, Pyrenäen, Apennin. Giftig!

Wirksame Pflanzenteile: Blätter und Rinde junger Zweige, Stengel.

Sammelzeit: Rinde vor der Blüte von Juni bis August, Blätter nach der Blüte, Stengel nach dem Abfallen der Blätter.

Aufbewahrung: An der Sonne trocknen, trocken aufbewahren, Blätter auch frisch verwenden.

Inhaltsstoffe: Saponine, Alkaloide, Glykoside, Gerbstoff, Dulkamarin, Solonin.

Medizinische Eigenschaften: Blutreinigend, harntreibend, abführend, schweißtreibend, Milchsekretion hemmend. Stoffwechsel fördernd. Wirkt bei rheumatischen Leiden.

Zubereitung: Absud: 5 g zerkleinerte Stengel in 1 Liter Wasser 3 Minuten kochen, 5 Minuten ziehen lassen. Absud bei Hautflechte: 48 g zerkleinerte Stengel 4 Stunden in 1 Liter kaltem Wasser ziehen lassen, 5 Minuten vorsichtig aufkochen, lauwarm verwenden. Aufguß: 18 g zerkleinerte Stengel in 1 Liter kochendem Wasser 1 Stunde ziehen lassen. Breiumschlag: Frische Blätter zerstoßen, erhitzen und auflegen.

Volksmedizinische Anwendung: Innerlich und äußerlich. Absud bei Akne: 3 Wochen lang, täglich am Morgen, nüchtern eine Tasse. Absud bei Hautflechte: Die befallenen Hautstellen morgens und abends bestreichen. Aufguß bei Herpes: Täglich 2 Tassen trinken. Breiumschlag zur Hemmung der Milchsekretion: Zwei- bis dreimal täglich wechseln.

Vorsicht: Die Pflanze enthält Alkaloide, daher müssen die Mengenangaben und die Zubereitung genau beachtet werden. Innerliche Anwendung nur auf Verordnung durch den Arzt! Beeren sind giftig!

Nachtviole

Hesperis matronalis

Familie: Kreuzblütler, Brassicaceae.

Stengel: 30–80 cm hoch, aufrecht, stark, rund, beblättert, grün, borstenförmig behaart.

Blätter: Grundständige Blätter eiförmig, fiederspaltig, lang, leicht gezähnt. Stengelblätter eilanzettlich, wechselständig, sitzend, grün, gezähnt, behaart, nach oben kleiner werdend.

Blüten: In endständiger lockerer Ähre. Einzelblüten an kurzen Stielchen, ca. 15–25 mm im Durchmesser. Vier verkehrt eiförmige Kronblätter, eingerandet, rosa, lila-violett, seltener weiß, wohlriechend. Kelch bis 15 mm lang, mit anliegenden grünen Kelchzipfeln.

Blütezeit: Mai bis August.

Standort: Bis 1500 m, auf tiefgründigen Böden. Halbschattige Wiesen, feuchtwarme Hänge, Hecken, Wegrand. Nicht häufig! Gebietsweise völlig fehlend.

Verbreitung: Alpen, Apennin.

Wirksame Pflanzenteile: Ganze Pflanze ohne Wurzeln.

Sammelzeit: Zur Blüte, Mai bis August.

Aufbewahrung: Nur frisch verwenden!

Inhaltsstoffe: Vitamin C, Öle, fette Öle.

Medizinische Eigenschaften: Harntreibend, schweißtreibend, Auswurf fördernd.

Zubereitung: Breiumschlag: frische, zerstoßene Blätter. Aufguß: 5 g Blätter in 1 Liter kochendem Wasser 10 Minuten ziehen lassen, filtrieren, abfüllen (auch bei Steinerkrankungen zu verwenden). Aufguß zur Hautreinigung: 48 g Blätter in 1 Liter kochendem Wasser 12 Minuten ziehen lassen, filtrieren, abfüllen.

Volksmedizinische Anwendung: Innerlich und äußerlich. Breiumschlag zur schnelleren Heilung bei Abszeß. Aufguß bei Gicht (wasser- und schweißtreibend): Täglich 2 kleine Gläschen. Aufguß zur Pflege der Gesichtshaut: dreimal täglich die Haut reinigen. Aufguß gegen Nieren- und Gallensteine: Täglich 3 Tassen trinken.

Vorsicht: Anwendung nur auf Verordnung des Arztes!

Pfingstrose

Paeonia officinalis

Familie: Hahnenfußgewächse, Ranunculaceae.

Stengel: 50–90 cm hoch, aufrecht oder aufsteigend, rund, kahl, grün, beblättert, unverzweigt, einblütig.

Blätter: Stengelblätter bis 30 cm groß, tief dreiteilig mit mehrfach gefiederten Abschnitten, oberseits dunkelgrün, unterseits graugrün, behaart, ganzrandig.

Blüten: Einzeln, endständig, bis 8 cm groß, fünf bis acht Kronblätter, leuchtend rosa oder tiefrot, breit-eiförmig, ausgerandet. Zahlreiche Staubblätter, goldgelb. Kelchblätter grün oder rot, meistens lanzettlich-spitz, ausgebreitet.

Blütezeit: Mai bis Juni.

Standort: Bis 1700 m, auf Kalk- oder Dolomitgestein. Steinige Bergwiesen, Matten, Wiesen, Steineichen und Flaumeichengebüsche, Waldrand, gemeinsam mit Ginster auf warmen Halden, trockene Hänge.

Verbreitung: Alpen (Südalpen), nur vereinzelt Nordalpen. Zentral-Apennin.

Wirksame Pflanzenteile: Wurzel, Blüten.

Sammelzeit: Wurzel vom April bis Mai oder August bis September. Blüten im Mai bis Juni.

Aufbewahrung: Blüten teilen, rasch, schattig trocknen. Wurzeln waschen, zerkleinern, luftig, rasch trocknen.

Inhaltsstoffe: Ätherisches Öl, Alkaloid, Glykosid.

Medizinische Eigenschaften: Gefäßverengend, tonisierend, krampflösend, lindernd bei Venenbeschwerden, nicht geeignet für Schwangere!

Zubereitung: Absud: 28 g Wurzeln in 1 Liter Wasser 10 Minuten kochen lassen. Aufguß: 35 g getrocknete Blüten in 1 Liter kochendem Wasser 3 Minuten ziehen lassen. Aufguß bei Husten: 35 g Blüten in 1 Liter kochendem Wasser 10 Minuten ziehen lassen. Absud bei Krampfadern: 18 g Wurzeln in 1 Liter Wasser 10 Minuten kochen und 10 Minuten ziehen lassen.

Volksmedizinische Anwendung: Innerlich und äußerlich. Absud zur Tränkung von Kompressen bei Hämorrhoiden: täglich 3mal erneuern. Aufguß zur Beruhigung des Herzens bei Herzklopfen: Täglich 1 Tasse. Aufguß bei krampfhaftem Husten: Täglich 3 Tassen zwischen den Mahlzeiten. Absud zum Einmassieren bei Krampfadern: Täglich abends anwenden.

Vorsicht: Anwendung nur auf Verordnung des Arztes!

Gemeine Pestwurz

Petasites hybridus

Familie: Korbblütler, Asteraceae.

Stengel: 20–60 cm hoch, aufrecht, stark, grünbräunlich, zur Blütezeit ohne Blätter, jedoch Blattschuppen.

Blätter: Nach der Blüte erscheinend, sehr groß, grün, rundlich, dreieckig oder herzförmig, unterseits weiß filzig behaart, Rand unregelmäßig gesägt oder gekerbt.

Blüten: Am Stengelende in ährigen Trauben, Rispen oder halbkugelig angeordnet, kleine Blütenköpfchen, körbchenförmig mit Röhrenblüten und Zungenblüten. Blattschuppen zwischen den Blüten blaßrosa bis schmutzig purpurn. Wohlriechend.

Blütezeit: März bis April.

Standort: Bis 2000 m, kalkhaltige, steinige und feuchte Böden. Bachufer, Gräben, Schneetälchen, Waldränder, Lawinenschluchten.

Verbreitung: Alpen, Pyrenäen, Skandinavien, eurasische Pflanze.

Wirksame Pflanzenteile: Blätter, Blüten, Wurzelstock, frisch und getrocknet.

Sammelzeit: März bis Mai, Wurzelstock vor oder nach der Blüte.

Aufbewahrung: Wurzelstock waschen, zerkleinern, trocknen und verschlossen aufbewahren.

Inhaltsstoffe: Ätherisches Öl, Gerbstoff, Harz, Inulin, Schleimstoffe, Bitterstoff.

Medizinische Eigenschaften: Adstringierend, Auswurf fördernd, harntreibend, Menstruation regulierend, schweißtreibend, wundheilend, Husten lindernd, wirksam bei nervösen Magen und Gallenstörungen.

Zubereitung: Aufguß: 12 g Blätter in 1 Liter Wasser 8 Minuten ziehen lassen. Aufguß bei Husten: 18 g Wurzeln in 1 Liter Wasser 12 Minuten ziehen lassen. Aufguß bei Magenschlaffheit: 12 g Blätter in 1 Liter Wasser 10 Minuten ziehen lassen. Mischtee: 18 g Wermutsprosse und 25 g Pestwurzblätter mit 1 Liter kochendem Wasser überbrühen, 12 Minuten ziehen lassen.

Volksmedizinische Anwendung: Innerlich und äußerlich. Aufguß bei zu geringer Gallenblasentätigkeit: Täglich 2 Tassen trinken. Aufguß zur Auswurfförderung bei krampfhaftem Husten: Täglich 3 Tassen zwischen den Mahlzeiten. Aufguß bei Magenbeschwerden (Schlaffheit des Magens): Täglich 2 Tassen trinken. Tee bei Magen- und Gallenbeschwerden: Täglich 3 Tassen trinken.

Ruprechtsstorchschnabel

Geranium robertianum

Familie: Storchschnabelgewächse, Geraniaceae.

Stengel: 15–50 cm lang, kriechend bis aufsteigend, sparrig verzweigt, zart, rund, grün, rot überlaufen, abstehend behaart, beblättert.

Blätter: Gestielt, mit drei bis fünf fiederspaltigen Blättchen. Fiederblättchen zweilappig, Mittelblättchen größer, grün, Spitzen öfters rötlich überlaufen.

Blüten: An längeren Blütenstielchen ein bis zwei Blüten, Krone ausgebreitet, fünf Kronblätter, verkehrt eiförmig, Durchmesser 1,5–2 cm, rosa bis hellpurpurn, mit weißlichen Längsstreifen. Griffel orangefarben umgeben von fünf Staubblättern, gelbrot. Kelch grün, braun gestreift. Fruchtkapsel aufgeblasen, hellgrün, dunkler gestreift, abstehend behaart.

Blütezeit: Juli bis November.

Standort: Bis 1800 m, auf nährstoffreichen, stickstoffhaltigen Böden. Schutt- und Geröllhalden, an Felsblöcken, lichte Mischwälder, Mauern, Raine. Häufig! Gesellig.

Verbreitung: Alpen, Pyrenäen.

Wirksame Pflanzenteile: Ganze Pflanze ohne Wurzel getrocknet oder frisch.

Sammelzeit: Mai bis August.

Aufbewahrung: Pflanzenteile in Bündeln trocknen und schattig aufhängen.

Inhaltsstoffe: Bitterstoff, Gerbstoff, Geranin, Vitamin C, Harz, ätherisches Öl.

Medizinische Eigenschaften: Blutstillend, tonisierend, harntreibend, wundheilend, krampflösend, adstringierend, fiebersenkend.

Zubereitung: Gurgelwasser: 18 g blühende Sproßspitzen in 1 Liter kochendem Wasser 15 Minuten ziehen lassen. Aufguß: 18 g getrocknete Sproßspitzen in 1 Liter kochendem Wasser 15 Minuten ziehen lassen. Aufguß bei Diabetes: Je 24 g Ruprechtskraut und Vogelknöterich in 1 Liter kochendem Wasser 12 Minuten ziehen lassen.

Volksmedizinische Anwendung: Innerlich und äußerlich. Gurgelwasser bei Angina: Mehrmals täglich. Aufguß bei Blutungen: 3mal täglich 1 Glas. Aufguß bei Diabetes: Täglich 2mal 1 Tasse zwischen den Mahlzeiten. Absud bei Fieber: Je 30 g Pflanzenteile von Ruprechtskraut und Teufelsabbißwurzel in 2 Liter Wasser auf die Hälfte einkochen. Täglich 3 gleiche Teile dieser Menge trinken.

Echter Salbei

Salvia officinalis

Familie: Lippenblütler, Labiatae.

Stengel: 25–60 cm hoher Halbstrauch, mehrere Stengel und Sprosse aus dem kräftigen Wurzelstock, die unteren holzig, Zweige vierkantig, graugrün behaart, beblättert.

Blätter: Gegenständig, langgestielt, länglich-elliptisch, stumpf, fein gesägt, dicht graufilzig behaart, aromatisch.

Blüten: An den Stengel- und Zweigenden in reichblütigen Scheinquirlen, blauviolett. Krone mit gerader Ober- und dreilappiger Unterlippe, hervorstehende Staubblättchen. Kelch rötlich, behaart. Aromatisch.

Blütezeit: Mai bis August.

Standort: Bis 1000 m, auf unterschiedlichen Böden. In Bauerngärten.

Verbreitung: Alpen (Südalpen, Südeuropa).

Wirksame Pflanzenteile: Blätter und blühende Sproßspitzen.

Sammelzeit: Blätter vor der Blüte, Sproßspitzen Mai bis August.

Aufbewahrung: Schattig trocknen, verschlossen aufbewahren.

Inhaltsstoffe: Saponin, Flavonoide, Gerbstoff, ätherisches Öl.

Medizinische Eigenschaften: Antiseptisch, Gallensekretion fördernd, krampflösend, wundheilend, stimulierend, Menstruation regulierend.

Zubereitung: Wein: 96 g getrocknete Blätter 10 Tage in 1 Liter Rotwein ziehen lassen, filtern, verschlossen aufbewahren. Aufguß: 18 g Blätter in 1 Liter kochendem Wasser 8 Minuten ziehen lassen.

Volksmedizinische Anwendung: Innerlich und äußerlich. Salbeiwein bei Asthenie: 1 Likörgläschen voll, nach den Mahlzeiten. Aufguß bei Diabetes: Täglich 2 Tassen zwischen den Mahlzeiten. Aufguß bei Wechseljahrbeschwerden: Täglich 3 Tassen. Aufguß als Gurgelmittel bei entzündeten Mandeln: Mehrmals täglich geringe Mengen, lauwarm! Aufguß bei Durchfall und Appetitlosigkeit: Mehrmals täglich schluckweise. Aufguß zur Wundheilung bei Geschwüren, Ekzemen: Umschläge mehrmals täglich wechseln.

Vorsicht: Dosierung genau beachten, Übermengen führen zu Vergiftungserscheinungen.

Echtes Tausendguldenkraut

Centaurium minus

Familie: Enziangewächse, Gentianaceae.

Stengel: 10–30 cm hoch, aufrecht, vierkantig, beblättert, erst im Blütenstand verzweigt, grün.

Blätter: Grundständig, rosettig, lanzettlich, spitz, klein, ganzrandig, Stengelblätter länglich-oval, fünfnervig, sitzend, grün.

Blüten: In lockerer Scheindolde, fünf Kronblätter, eiförmig-schmal, ausgebreitet, rosarot, 8–10 mm breit. Kronröhre 8–15 mm lang. Staubgefäße kurz, gelb.

Blütezeit: Juni bis August.

Standort: Bis 1200 m, auf sonnigen, warmen Bergwiesen. Matten, Halbtrockenrasen, lichte Wälder. Zerstreut! Gebietsweise völlig fehlend.

Verbreitung: Alpen, Pyrenäen.

Wirksame Pflanzenteile: Ganze Pflanze mit Blüten und Wurzeln.

Sammelzeit: Juni bis August.

Aufbewahrung: Gebündelt trocknen und in abgedichteten Behältnissen aufbewahren.

Inhaltsstoffe: Bitterstoffglykoside, Harz, ätherisches Öl, Palmitinsäure, Magnesiumlactat, Schleim, Glykosid, Mineralsalze.

Medizinische Eigenschaften: Blutreinigend, appetitanregend, fiebersenkend, Gallensekretion anregend, tonisch, gegen Würmer, magenstärkend, wirksam bei Stoffwechselleiden, Leber- und Gallenleiden.

Zubereitung: Wein: 54 g getrocknete, zerkleinerte Wurzeln auf 1 Liter kochenden Wein 30 Minuten ziehen lassen, abseihen, in verschließbarer Flasche aufbewahren. Aufguß: 36 g blühende Sprosse auf 1 Liter siedendes Wasser 12 Minuten ziehen lassen. Wein zur Genesung: 54 g blühende Sprosse 4 Tage in 1 Liter Wein ziehen lassen, abseihen, verschlossen aufbewahren.

Volksmedizinische Anwendung: Innerlich und äußerlich. Wein mit Tausendguldenkraut bei Appetitlosigkeit: 1 Gläschen vor den Mahlzeiten. Aufguß bei Durchfall: Täglich 3 Tassen. Aufguß bei Fieber: Täglich 2 Tassen. Wein zur besseren Genesung: 1 Gläschen vor den beiden Hauptmahlzeiten. Aufguß bei Stoffwechselleiden, Leber- und Gallenbeschwerden: 12 g des Krautes in 1 Liter kochendem Wasser 5 Minuten ziehen lassen. Täglich 2 Tassen.

Vorsicht: Dosierung genau beachten!

Thymian

Thymus serpyllum

Familie: Lippenblütler, Labiatae.

Stengel: Bis 25 cm lang, niederliegend, aufsteigend, verzweigt, rund, beblättert, am Grunde holzig, behaart, niedrige Halbsträucher, polsterbildend.

Blätter: Kreuz-gegenständig, länglich-elliptisch, grün, ganzrandig, lederig.

Blüten: Endständig, drei bis sechs in den Blattachseln, kopfige Scheinähren, sehr klein. Krone zweilippig, Oberlippe dreizähnig, kurz, Unterlippe zweilappig, dreispaltig, hellrosa bis purpurn. Kronröhre länger als der Kelch, vier Staubblätter, hellrosa. Aromatisch duftend.

Blütezeit: Juni bis Oktober.

Standort: 700–3000 m, lockere, sandige oder steinige Böden. Trockene, warme Böschungen, Bergwiesen, überwachsene Geröllhalden, an Felsen, Abbrüchen. Ziemlich häufig! Gesellig.

Verbreitung: Alpen, Apennin, Pyrenäen.

Wirksame Pflanzenteile: Blühende Sproßspitzen.

Sammelzeit: Juni bis Oktober.

Aufbewahrung: Sproßspitzen gut durchlüftet, rasch und schattig trocknen.

Inhaltsstoffe: Ätherisches Öl, Cymol, Thymol, Carvacrol, Gerbstoff, Harz.

Medizinische Eigenschaften: Antiseptisch, Auswurf fördernd, blutstillend, harntreibend, krampflösend, tonisierend, windtreibend.

Zubereitung: Aufguß: 46 g blühende Sproßspitzen in 1 Liter kochendem Wasser 10 Minuten ziehen lassen. Aufguß bei Asthma: 115 g getrocknete Sproßspitzen in 1 Liter kochendem Wasser erkalten lassen, unmittelbar verwenden. Absud: 18 g in 1 Liter Wasser 1 Minute kochen, 8 Minuten ziehen lassen. Aufguß bei Bronchitis: 145 g der getrockneten Sproßspitzen in 1 Liter kochendem Wasser 8 Minuten ziehen lassen, abseihen.

Volksmedizinische Anwendung: Innerlich und äußerlich. Aufguß für Kompressen bei Arthritis: Mehrmals täglich erneuern. Aufguß bei Asthma: Menge aus 1 Liter auf einmal trinken. Absud bei Blähungen: Täglich 1 Tasse nach den Mahlzeiten trinken. Aufguß bei Bronchitis: Stündlich 1 Eßlöffel davon einnehmen. Aufguß bei Schlaffheit des Magens und bei Verstopfung.

Vorsicht: Dosierung beachten und Anwendungspausen einlegen!

Schmalblättriges Weidenröschen

Epilobium angustifolium

Familie: Nachtkerzengewächse, Onagraceae.

Stengel: 50–150 cm hoch, aufrecht, rund, schlank, hellgrün, beblättert, unverzweigt.

Blätter: Wechselständig, sitzend, schmal-lanzettlich, 6–12 cm lang, ganzrandig, Rand gewellt, grün, kahl.

Blüten: In langer, einfacher Rispe, Krone 1,5–2,5 cm Durchmesser. Vier Kronblätter kurz, spatelförmig, rosa oder purpurrot. Vierspaltige Narbe, Staubblättchen gelb, gestielt, Kelchblättchen schmal lanzettlich, gleichfarbig.

Blütezeit: Juli bis Oktober.

Standort: 800–2600 m, Kalk- und Silikatgestein, Schotter- und Geröllhalden, steinige Bergwiesen, Lichtungen, Bachufer, Böschungen, Auen, lichte Fichtenwälder. Häufig! Gesellig.

Verbreitung: Alpen, Apennin, Pyrenäen.

Wirksame Pflanzenteile: Wurzelstock, Blätter, Blüten.

Sammelzeit: Wurzeln im Herbst, Blüten und Blätter von August bis September.

Aufbewahrung: Wurzeln waschen, zerkleinern und so wie Blätter und Blüten schnell trocknen.

Inhaltsstoffe: Schleimstoffe, Gerbstoffe, Pektin.

Medizinische Eigenschaften: Wundreinigend, adstringierend, erweichend, hämostatisch.

Zubereitung: Aufguß bei Durchfall: 28 g Blätter in 1 Liter kochendem Wasser 12 Minuten ziehen lassen. Absud: 24 g Wurzeln in 1 Liter Wasser 8 Minuten kochen lassen.

Volksmedizinische Anwendung: Innerlich und äußerlich. Aufguß bei Durchfall: Täglich 2 Tassen. Absud zur Abheilung von Geschwüren im Bereich der Mundschleimhaut: Mundbad mehrmals täglich. Absud bei oberflächlichen Wunden: Mehrmals täglich waschen.

Großer Wiesenknopf

Sanguisorba officinalis

Familie: Rosengewächse, Rosaceae.

Stengel: 20–100 cm hoch, aufrecht, wenig ästig, stark, rund, grün, kahl.

Blätter: Grundständig, rosettig, unpaarig gefiedert, 7–15 Fiederpaare, Einzelblättchen länglich-eiförmig, gezähnt, gestielt, ca. 3–6 cm lang, dunkelgrün.

Blüten: Endständiges, walzlich-rundes Köpfchen, 10–25 mm lang, 8–15 mm Durchmesser, braunrot, vier kurze Staubblättchen, Kelch rotbraun.

Blütezeit: Juni bis August.

Standort: Bis 1800 m, feuchte, lehmige Böden. Naßwiesen, Moore, Torfgebiete, Bergwiesen. Häufig und meistens größere Bestände.

Verbreitung: Alpen, Pyrenäen, Apennin.

Wirksame Pflanzenteile: Blühende Pflanze, Wurzel, Saft.

Sammelzeit: Pflanze Mai bis August, Wurzel vor der Blütezeit oder im Herbst, Saft nur frisch verwenden.

Aufbewahrung: Wurzel waschen und wie blühende Pflanzenteile schnell, schattig trocknen.

Inhaltsstoffe: Saponine, Flavonoide, Gerbstoff.

Medizinische Eigenschaften: Adstringierend, verdauungsfördernd, blutstillend, magenwirksam.

Zubereitung: Aufguß: 35 g frische blühende Pflanze in 1 Liter kochendem Wasser 8 Minuten ziehen lassen. Absud: 28 g der frischen Pflanze in 1 Liter Wasser 10 Minuten kochen lassen. Aufguß zur Behandlung von Hämorrhoiden: 30 g der Pflanze in 1 Liter kochendem Wasser 12 Minuten ziehen lassen. Absud bei Weißfluß: 25 g frische Pflanzen in 1 Liter Wasser 5 Minuten kochen lassen.

Volksmedizinische Anwendung: Innerlich und äußerlich. Aufguß bei allgemeinen Blutungen: 3mal täglich 1 Tasse. Absud bei Durchfall: Alle zwei Stunden 1 Glas trinken. Aufguß bei Hämorrhoiden: Täglich 2 Tassen trinken. Absud bei Weißfluß: 1 Tasse morgens und abends trinken. Rohe zerstoßene Blätter zur Wundheilung: Auf die Wunde auflegen, dreimal täglich wechseln.

Heilzist

Betonica officinalis

Familie: Lippenblütler, Labiatae.

Stengel: 25–70 cm hoch, aufrecht, vierkantig, rauhhaarig, beblättert, grün.

Blätter: Grundblätter gestielt, eiförmig-lanzettlich, gekerbt, netzrunzelig, grün, Stengelblätter kreuzgegenständig, schmal-lanzettlich, gekerbt, sitzend.

Blüten: Endständiger, walzenförmiger Scheinquirl, kurz, Oberlippe aufrecht, länger als der Kelch, hellrot bis purpurn, Lippe breit, weiß gezeichnet.

Blütezeit: Juni bis August.

Standort: Bis 1800 m, auf zeitweise feuchten Böden. Bergwiesen, sandige Weiden, lichte Wälder, Auen, Moore, Schotterhalden. Nicht häufig! Örtlich größere Gruppen.

Verbreitung: Alpen, Pyrenäen, Apennin.

Wirksame Pflanzenteile: Wurzeln, Blätter.

Sammelzeit: Wurzeln und Blätter kurz vor dem Mähen der Wiesen.

Aufbewahrung: Wurzeln und Blätter frisch verwenden, sonst reinigen und schnell trocknen.

Inhaltsstoffe: Betaine, Glykoside, Saponine, Bitterstoffe, Gerbstoffe.

Medizinische Eigenschaften: Wundheilend, appetitanregend, adstringierend, Schleim lösend.

Zubereitung: Absud für Kompressen: 54 g Wurzeln und Blätter in 1 Liter Rotwein 15 Minuten lang kochen, nach dem Erkalten, filtrieren und abfüllen. Blätter zum Auflegen bei Wunden: In Wasser 5 Minuten kochen, ohne ausdrücken auflegen. Absud zum Inhalieren: 54 g Wurzeln und Blätter in 1 Liter Wasser 12 Minuten kochen lassen (kann mehrmals verwendet werden).

Volksmedizinische Anwendung: Innerlich und äußerlich. Breiumschlag zur beschleunigten Heilung bei Abszessen: Alle 2 Stunden erneuern. Blätter bei äußeren Wunden heilend und adstringierend: Öfters wechseln. Absud zur Inhalation bei Lungenblähung: Mehrmals täglich anwenden.

Waldzist

Stachys sylvatica

Familie: Lippenblütler, Labiatae.

Stengel: 30–100 cm hoch, aufrecht oder aufsteigend, kantig, verästelt, grün, abstehend behaart, beblättert.

Blätter: Kreuzgegenständig, die untern langgestielt, herz-eiförmig, spitz, gezähnt, rauhhaarig, nesselartig, grün.

Blüten: In je sechs Scheinquirlen der oberen Blattachseln mittellange Scheinähre. Einzelblüte dunkelpurpurn bis rosa, Krone zweilappig, Oberlippe aufrecht, Unterlippe dreilappig, ausgebreitet, größere Mittellappen mit weißen Zeichnungen, Kelch glockig oder walzlich, fünfzähnig, ca. 7 mm lang, behaart. Unangenehm duftend.

Blütezeit: Juni bis September.

Standort: Bis 1700 m, auf stickstoffreichen, etwas feuchten Böden. Liebt halbschattige Waldränder, Auen, Quellfluren, Weiden, Schluchten.

Verbreitung: Alpen, Pyrenäen, Apennin, fast ganz Europa.

Wirksame Pflanzenteile: Blühende Sproßspitzen, Blätter, Wurzel.

Sammelzeit: Vor dem Verblühen, Juni bis September.

Aufbewahrung: Sproßspitzen und Blätter frisch oder getrocknet verwenden, schattig schnell trocknen.

Inhaltsstoffe: Ätherisches Öl.

Medizinische Eigenschaften: Krampflösend, Menstruation regulierend, abführend, wirkt erbrechend, lindernd bei Ohrenschmerzen.

Zubereitung: Aufguß: 30 g Sproßspitzen in 1 Liter kochendem Wasser 12 Minuten ziehen lassen. Aufguß zur Menstruationsregulierung: 18 g Blätter in 1 Liter kochendem Wasser 6 Minuten ziehen lassen, filtrieren, abfüllen. Aufguß zum Abführen: 18 g Wurzeln in 1 Liter kochendem Wasser 5 Minuten ziehen lassen. Saft der Blätter mit Rosenöl 1 : 10 vermischen.

Volksmedizinische Anwendung: Innerlich. Aufguß bei Krämpfen der inneren Organe: Täglich 2 Tassen, heiß trinken. Aufguß bei zu geringer Regelblutung: Eine Woche vor Eintritt der Menstruation täglich 2 Tassen trinken. Aufguß zum Abführen: Täglich 1–2 Tassen trinken. Saft der Blätter zur Schmerzlinderung: Einige Tropfen in die Ohren träufeln.

Attich (Zwergholunder)

Sambucus ebulus

Familie: Geißblattgewächse, Caprifoliaceae.

Stengel: 60–130 cm hoch, mehrjährige krautige Staude, kantig, beblättert, grün, unten verholzt, grau-grün, hohl, markig, Wurzelstock kriechend.

Blätter: Gegenständig, 10–50 cm lange, unpaarig gefiederte Blätter, 7–11 Fiederblättchen fein gesägt, 10–15 cm lang, lanzettlich grün, Blattstiel rinnig, bis 50 cm lang, sitzend.

Blüten: In vielblütigen, aufrechten schirmartigen Rispen, Einzelblütchen weiß, fünf Kronblättchen, schmal-eiförmig, an zarten Stielchen, Staubblättchen rot oder schwarz; Steinfrüchte klein, rund, glänzend schwarz, giftig!

Blütezeit: Juli bis September.

Standort: Bis 1700 m, auf unterschiedlichen Böden. Warme Bergwiesen, Auen, Staudenfluren, Kahlschläge, Lichtungen, Böschungen, Raine. Zerstreut, eher selten! Örtlich größere Bestände.

Verbreitung: Alpen, Mittel- und Südeuropa, Norwegen, Schweden.

Wirksame Pflanzenteile: Blüten, Blätter, junge Rinde, Wurzelstock, reife Beeren.

Sammelzeit: Blüten, Juli bis August. Blätter: Juni bis August.

Aufbewahrung: Blätter und Blüten luftig trocknen, Wurzeln waschen wie Rinde zerkleinern und trocknen, Beeren im Ofen trocknen.

Inhaltsstoffe: Ätherisches Öl, Gerbstoff, Enzyme, Kohlenhydrate, Anthocyanfarbstoffe.

Medizinische Eigenschaften: Abführend, abschwellend, narbenbildend, schweißtreibend.

Zubereitung: Aufguß: 45 g Blüten in 1 Liter kochendem Wasser 13 Minuten ziehen lassen, filtrieren. Aufguß bei Husten: 25 g Blüten in 1 Liter kochendem Wasser 10 Minuten ziehen lassen. Absud zur besseren Nierenfunktion: 28 g Rinde in 1 Liter Wasser 10 Minuten kochen lassen. Breiumschlag: 45 g getrocknete Blätter in 90 ml Olivenöl, 2 Stunden kochen. Absud bei Verstopfung: 75 g getrocknete Beeren in 1 Liter Wasser 3 Minuten kochen lassen, abseihen.

Volksmedizinische Anwendung: Innerlich und äußerlich. Aufguß für Kompressen nach Augenbad. Aufguß bei krampfhaftem Husten: Täglich 3 Tassen zwischen den Mahlzeiten trinken. Absud bei ungenügender Nierenfunktion: Täglich 3 Tassen trinken. Aufguß für Kompressen bei Ödem an Beinen. Breiumschlag bei Verstauchung: Mittels Tuch auflegen, zwei- bis dreimal pro Tag. Absud bei Verstopfung: Morgens nüchtern und abends vor dem Schlafengehen ein Gläschen trinken.

Vorsicht: Beeren enthalten auch Giftstoffe, nicht roh essen! Anwendungsdauer und Dosierung beachten!

Wiesenaugentrost

Euphrasia rostkoviana

Familie: Braunwurzgewächse, Scrophulariaceae.

Stengel: 5–20 cm hoch, aufrecht oder aufsteigend, verzweigt, rund, grün-braun, beblättert, behaart.

Blätter: Gegenständig, sitzend, eiförmig, gezähnt, grün, 6–12 mm lang und 5–8 mm breit.

Blüten: Einzeln in den oberen Blattachseln, Krone 8–12 mm lang, weiß, nicht selten Oberlippe weiß-violett geadert. Unterlippe dreilappig mit gelbem Fleck, Einzellappen eingekerbt, Kelch ca. 6 mm lang, lila geadert, röhrig-glockig, nicht selten Oberlippe umgeschlagen, gezähnt.

Blütezeit: Juni bis Oktober.

Standort: Bis 2400 m, auf kalkarmen, lehmigen Böden. Bergwiesen, Weiden, Matten, Felder, Raine, Hügel, lichte Wälder. Häufig! Gesellig.

Verbreitung: Alpen, Pyrenäen, Apennin.

Wirksame Pflanzenteile: Ganze Pflanze, besonders blühende Sproßspitzen.

Sammelzeit: Juli bis Oktober.

Aufbewahrung: Pflanze schnell, schattig trocknen, verschlossen aufbewahren.

Inhaltsstoffe: Glykosid (Aucubin), ätherisches Öl, Gerbstoff, Farbstoff, Harz.

Medizinische Eigenschaften: Entzündungshemmend, adstringierend, schmerzlindernd.

Zubereitung: Absud für Augenbad: 18 g getrocknete, blühende Sproßspitzen in 1 Liter Wasser 12 Minuten kochen lassen, zur Anwendung sorgfältig filtrieren. Absud bei Augenentzündung: 24 g getrocknete Pflanze in 1 Liter Wasser 10 Minuten kochen lassen. Absud zur Lidwaschung: 48 g getrocknete Pflanze in 1 Liter Wasser 12 Minuten kochen lassen.

Volksmedizinische Anwendung: Innerlich und äußerlich. Absud bei Augenbindehautentzündung: Augenbad zwei- bis dreimal pro Tag. Absud bei Augenentzündung: Zweimal täglich lauwarmes Augenbad machen. Absud bei Augenlidentzündung: Augenlider mehrmals täglich waschen.

Wiesenbärenklau

Heracleum spondylium

Familie: Doldenblütler, Apiaceae.

Stengel: 50–180 cm hoch, aufrecht, sehr kräftig, gefurcht, grün, hohl, beblättert.

Blätter: Sehr groß, sitzend oder herablaufend, teilweise aus einer Scheide austretend, bis 45 cm lang, fiederteilig oder gefiedert, große breit-eiförmige bis lanzettliche Abschnitte, tief gelappt oder grob gezähnt, grün, steifhaarig.

Blüten: In großer 15–30strahliger Dolde, Krone der Einzelblütchen weiß oder grüngelb, Randblüten vergrößert, bis drei Hüllblättchen, grünlich.

Blütezeit: Juni bis Oktober.

Standort: Bis 2200 m, auf Kalk- und Silikatböden. Bergwiesen, Auen, Uferbereiche, Gebüsch- und Waldrand, Hochstaudenfluren, Wegränder. Ziemlich häufig!

Verbreitung: Alpen, fast ganz Europa.

Wirksame Pflanzenteile: Wurzeln, Blätter, Früchte.

Sammelzeit: Wurzeln im Herbst, Blätter und Früchte von Mai bis Juli.

Aufbewahrung: Wurzeln waschen zerkleinern wie Blätter und Früchte in der Sonne trocknen.

Inhaltsstoffe: Furocumarine, ätherisches Öl.

Medizinische Eigenschaften: Blutdrucksenkend, verdauungsfördernd, Menstruation regulierend, anregend.

Zubereitung: Aufguß: 24 g Wurzeln und Blätter auf 1 Liter kochendes Wasser 12 Minuten ziehen lassen. Absud: 18 g Wurzeln auf 1 Liter Wasser 6 Minuten kochen und 5 Minuten ziehen lassen. Weinansatz: 48 g zerkleinerte Wurzeln und Blätter 24 Stunden in 1 Liter Rotwein ziehen lassen, abseihen. Absud bei gestörter Verdauung: 12 g Wurzeln auf 1 Liter Wasser 12 Minuten ziehen lassen.

Volksmedizinische Anwendung: Innerlich und äußerlich. Aufguß bei arteriellem Bluthochdruck: Täglich 3 Tassen jeweils 10 Tage im Monat. Absud bei ausbleibender Menstruation: 2 Tassen täglich in der Woche vor Beginn der Regel. Wein vom Wiesenbärenklau zur Stimmulierung bei Impotenz: 1 Gläschen vor den beiden Hauptmahlzeiten. Absud bei gestörter Verdauung: 1 Tasse nach den beiden Hauptmahlzeiten.

Vorsicht: Im Umgang mit der Pflanze, der Inhaltsstoff Furocumarine ruft bei Sonnenbestrahlung auf der Haut Entzündungen hervor!

Bärenlauch

Allium ursinum

Familie: Liliengewächse, Liliaceae.

Stengel: 15–35 cm hoch, aufrecht, stumpf-dreikantig, grün, behaart, blattlos.

Blätter: Zwei grundständige, langgestielte Blätter, elliptisch-lanzettlich, teilweise leicht eingerandet, dicklich, relativ groß.

Blüten: Flachgewölbte Scheindolde, endständig, Einzelblüten 8–10 mm breit, an dünnen Stengelchen, Blütenblätter weiß, länglich-spitz, bis 10 mm lang.

Blütezeit: April bis Mai.

Standort: Bis 1500 m, auf nährstoffreichen, feuchteren, lockeren Lehmböden. Gebüsch- und Waldrand, Laubmischwälder, Auen und Schluchten, Krummholzfluren. Häufig und gesellig, trotzdem gebietsweise völlig fehlend!

Verbreitung: Alpen, ganz Europa.

Bemerkungen: Die ganze Pflanze strömt einen knoblauchartigen Geruch aus!

Wirksame Pflanzenteile: Ganze Pflanze, Zwiebeln.

Sammelzeit: Blätter April bis Juni, Zwiebeln April bis Juni und September bis Oktober.

Aufbewahrung: Pflanzenteile nur frisch zu verwenden.

Inhaltsstoffe: Ätherisches Öl, Glykosid, Sulfid, Vitamin C.

Medizinische Eigenschaften: Blutdrucksenkend, entschlackend, zur Vorbeugung gegen Arterienverkalkung, verdauungsfördernd, lindernd bei Hautausschlägen, wurmtreibend.

Zubereitung: Frischer Saft: Aus Zwiebeln oder Blättern auspressen. Bärlauchgeist: Zerkleinerte Blätter und Zwiebeln mit 1/2 Liter 40prozentigem Schnaps in einer Flasche, warmgestellt oder in der Sonne 14 Tage ziehen lassen. Frische Blätter kleingeschnitten auf dem Butterbrot oder in der Suppe essen.

Volksmedizinische Anwendung: Innerlich und äußerlich. Frischer Saft zur Wundheilung: Mehrmals täglich die Wunden bestreichen. Bärlauchgeist zur Vorbeugung gegen Arterienverkalkung: Täglich 4mal 12 Tropfen in einem Gläschen lauwarmem Wasser einnehmen. Frische Blätter zur Frühjahrskur bzw. Entschlackungskur.

Große Bibernelle

Pimpinella major

Familie: Doldenblütler, Apiaceae.

Stengel: 35–95 cm hoch, aufrecht, kantig, gefurcht, beblättert, ästig, grün, röhrig–hohl, Wurzel spindelförmig.

Blätter: Groß, gestielt, einfach unpaarig, gefiedert, Fiederblättchen sitzend, lanzettlich oder eiförmig, unregelmäßig gesägt, grün, aus scheidigen Stengelknoten austretend. Grundblätter rundlich, gesägt, langgestielt.

Blüten: In 6–15strahliger Dolde, langgestielt, Einzelblütchen mit 5 Kronblättchen, weiß oder rosa, sehr klein, ohne Hüllblättchen, 2 lange, zarte Griffel.

Blütezeit: Juni bis September.

Standort: Bis 2000 m, auf stickstoffhaltigen Böden, Bergwiesen, alpine Matten, feuchte Böden, Wegraine, Waldlichtungen. Zerstreut, örtlich größere Bestände.

Verbreitung: Alpen, ganz Europa.

Wirksame Pflanzenteile: Wurzeln, ganze Pflanze, frisch oder getrocknet.

Sammelzeit: Vor dem Erblühen oder im Herbst. Pflanze: Juni bis September.

Aufbewahrung: Wurzeln waschen, zerkleinern, rasch, luftig trocknen.

Inhaltsstoffe: Ätherisches Öl, Bitterstoff, Gerbstoffe, Camarin, Harze, Saponine.

Medizinische Eigenschaften: Auswurf fördernd, appetitanregend, entzündungshemmend, Menstruation regulierend, Milchsekretion fördernd, schweißtreibend, sedativ, wundheilend, harntreibend.

Zubereitung: Gurgelwasser: 48 g Wurzeln in 1 Liter Wasser 6 Minuten kochen lassen, abseihen. Aufguß: 28 g frische Wurzeln in 1 Liter kochendem Wasser 12 Minuten ziehen lassen, filtrieren. Aufguß bei Herzklopfen: 25 g der getrockneten Pflanze in 1 Liter kochendem Wasser 8 Minuten ziehen lassen. Aufguß bei Husten: 18 g blühende Sproßspitzen in 1 Liter kochendem Wasser 6 Minuten ziehen lassen.

Volksmedizinische Anwendung: Innerlich und äußerlich. Gurgelwasser bei Angina: Mit Bienenhonig süßen, mehrmals täglich gurgeln. Aufguß bei Durchfall: Täglich 2 Tassen trinken. Aufguß bei Herzklopfen: 1 Tasse täglich. Aufguß bei Husten: Täglich 3 Tassen trinken. Aufguß zu Mundspülungen: Täglich 4mal vornehmen. Aufguß als Gurgelwasser auch gegen Heiserkeit.

Silberdistel

Carlina acaulis

Familie: Korbblütler, Asteraceae.

Stengel: 5–25 cm hoch, rund aber auch kantig, beblättert, rot-braun, sehr stark.

Blätter: Rosettig, lang, fiederig, stachelig-gezähnt, grün, Stengelblätter sitzend, Fiederblättchen dreilappig, stachelspitz. Hochblätter stark fiederspaltig, dornig spitz, braun.

Blüten: Großer Blütenkopf, 5–12 cm Durchmesser, endständig, Röhrenblüten unten weißlich, oben braun. Hüllblätter schmal-lanzettlich, dornig gezähnt, einseitig silberweiß, auswärts gebogen.

Blütezeit: Juli bis Oktober.

Standort: Bis 2800 m, auf kalkhaltigen, mageren Böden. Sonnige Bergwiesen, Weiden, grasige Hänge. Ziemlich häufig, örtlich größere Bestände. Geschützt!

Verbreitung: Alpen, Apennin, Pyrenäen.

Wirksame Pflanzenteile: Wurzel.

Sammelzeit: September bis November.

Aufbewahrung: Waschen, zerkleinern, schnell trocknen.

Inhaltsstoffe: Gerbstoff, Harz, Inulin, ätherisches Öl.

Medizinische Eigenschaften: Antibakteriell, harntreibend, wundreinigend, schweißtreibend, gallentreibend.

Zubereitung: Absud: 18 g Wurzeln auf 1 Liter Wasser 10 Minuten kochen lassen. Aufguß: 8 g getrocknete Wurzeln auf 1 Liter Wasser 5 Minuten kochen und 5 Minuten ziehen lassen; jeweils frisch zubereiten. Absud zur Anregung der Leber: 30 g Wurzeln auf 1 Liter Wasser 5 Minuten kochen lassen.

Volksmedizinische Anwendung: Innerlich und äußerlich. Absud bei Ekzem: 1 Tasse vor den beiden Hauptmahlzeiten. Aufguß bei Grippe: Dreimal täglich 1 Tasse. Absud zur Förderung der Lebertätigkeit: Täglich dreimal 1 Tasse, davon eine nüchtern.

Walderdbeere

Fragaria vesca

Familie: Rosengewächse, Rosaceae.

Stengel: Bis 20 cm hoch, eher zart, rund, grün bis gelbgrün, behaart, oben verzweigt mit kleinen, lanzettlichen Hochblättchen, mehrjährige Pflanze mit langen Ausläufern, die auch Wurzeln bilden.

Blätter: An langen Stielchen, dreizählig, Einzelblättchen eiförmig, sitzend, gesägt, grün, leicht behaart, unterseits seidenhaarig.

Blüten: Endständig, an Stielchen, Krone 8–15 mm breit. 5 Kronblättchen, rundlich, weiß; Staubblättchen hellgelb; Kelchblättchen schmal-lanzettlich, grün. Reife Sammelnußfrucht rot, eiförmig-rundlich, nickend.

Blütezeit: Juni bis August.

Standort: Bis 1800 m, auf unterschiedlichen Böden. Kahlschläge, Waldrand, Lichtungen, Bergwiesen, Böschungen. Häufig! Örtlich große Bestände.

Verbreitung: Alpen, fast ganz Europa.

Wirksame Pflanzenteile: Blätter, Wurzelstock, Scheinfrüchte.

Sammelzeit: Blätter im Frühling vor dem Aufblühen, Wurzelstock vor der Blattentfaltung, Scheinfrüchte zur Reifezeit im Juni bis Juli.

Aufbewahrung: Wurzelstock reinigen, waschen, teilen und wie die Blätter rasch, schattig, gut durchlüftet trocknen.

Inhaltsstoffe: Gerbstoffe, Eiweiß, Kohleheydrate, Mineralsalze, Vitamin C, Schleim, Zucker, Säuren, in den Beeren zusätzlich Eisen, Natrium, Kalium, Kalzium, Phosphor.

Medizinische Eigenschaften: Adstringierend, beruhigend, blutreinigend, harntreibend, tonisch, kreislauffördernd, lindernd bei Nieren- und Blasensteinen.

Zubereitung: Absud: 45 g getrocknete Blätter in 1 Liter kochendem Wasser 10 Minuten ziehen lassen. Breiumschlag: Frische Blätter zerstoßen und auf die betroffenen Stellen auflegen. Absud bei Durchfall: 25 g Wurzeln in 1 Liter Wasser 10 Minuten kochen lassen, abseihen. Absudmischung: Je 15 g Wurzeln von Quecken und Erdbeeren in 1 Liter Wasser 10 Minuten kochen lassen. Blätter zur Wundheilung auf die Wunden auflegen.

Volksmedizinische Anwendung: Innerlich und äußerlich. Absud als Gurgelwasser bei Angina: Täglich 1 Liter gurgeln. Walderdbeeren zur Stärkung bei Astenie: Roh essen. Breiumschlag bei Couperose: 2mal täglich auflegen. Absud bei Durchfall: Täglich 2 Tassen trinken. Absudmischung bei ungenügender Nierenfunktion: Täglich 3 Tassen trinken. Waldbeeren bei Nieren- und Gallensteinen essen. Kompressen zur raschen Wundheilung.

Vorsicht: Bei übermäßigem Genuß von Scheinfrüchten können Ausschläge auftreten!

Dreiblättriger Fieberklee

Menyanthes trifoliata

Familie: Enziangewächse, Gentianaceae.

Stengel: 15–35 cm hoch, aufrecht oder aufsteigend, rund, stark, grün, kahl.

Blätter: Grundständig, langgestielt, dreizahlig, Einzelblatt verkehrt eiförmig, ganzrandig, grün, fleischig, kleeartig.

Blüten: In endständiger kopfiger Traube; Einzelblüten trichterförmig-glockig, fünfzipfelig, weiß, bärtig, leicht rötlich überlaufen. Knospen außen rot, kurz gestielt. Kelchblättchen anliegend, kurz, dreieckig, grün.

Blütezeit: April bis Juli.

Standort: 600–1200 m, moorige Böden. Hochmoore, stehende Gewässer, natürliche Teiche, torfige Feuchtwiesen. Eher selten! Örtlich größere Bestände.

Verbreitung: Alpen, Apennin, Pyrenäen, Norwegen.

Wirksame Pflanzenteile: Blätter.

Sammelzeit: Mai bis Juni.

Aufbewahrung: Blätter schattig und schnell trocknen, im Dunkeln aufbewahren.

Inhaltsstoffe: Saponin, Flavonglykoside, Menyanthin, Vitamin C, Enzyme, Cholin, Jod.

Medizinische Eigenschaften: Blutreinigend, fiebersenkend, tonisierend, appetitanregend, Menstruation fördernd, magenstärkend, wirksam bei Trägheit der Verdauungsorgane.

Zubereitung: Fieberkleewein: 12 g frische Blätter in 1 Liter kochendem Rotwein 12 Minuten ziehen lassen. Aufguß: 18 g Blätter in 1 Liter kochendem Wasser 5 Minuten ziehen lassen. Aufguß bei gestörter Verdauung: 54 g Blätter in 1 Liter kochendem Wasser 10 Minuten ziehen lassen.

Volksmedizinische Anwendung: Innerlich und äußerlich. Fieberkleewein gegen Appetitlosigkeit: 1 Gläschen vor den Mahlzeiten. Aufguß bei zu geringer oder ausbleibender Blutung. Aufguß bei Verdauungsstörungen: 1 Tasse vor den beiden Hauptmahlzeiten.

Gänseblümchen

Bellis perennis

Familie: Korbblütler, Asteraceae.

Stengel: 5–15 cm hoch, aufrecht, blattlos, rund, grün, behaart, zart.

Blätter: In grundständiger Rosette, spatelförmig, stumpf, unregelmäßig gekerbt, grün, kahl.

Blüten: In endständigen Köpfchen, einzeln, aufrecht, 10–25 mm breit. Am Rand Zungenblütchen, meist einreihig, weiß, rötlich überlaufen, die zahlreiche gelbe Röhrenblütchen umrahmen. Kelchblättchen klein, lanzettlich, grün.

Blütezeit: März bis Dezember.

Standort: Bis 2500 m, auf unterschiedlichen Böden. Wiesen, Weiden, Auen, Raine, Lichtungen, Wegränder, Parkrasen. Häufig und größere Bestände.

Verbreitung: Alpen, fast ganz Europa.

Bemerkung: Die Körbchen schließen sich bei schlechtem Wetter und vertragen Temperaturen bis −15° C.

Wirksame Pflanzenteile: Blüten, Blätter.

Sammelzeit: Ganzjährig.

Aufbewahrung: Rasch, gut durchlüftet im Schatten trocknen.

Inhaltsstoffe: Ätherisches Öl, Bitterstoff, Gerbstoff, Saponin, Schleim, organische Säuren, Zucker, Eiweiß, Apfelsäure, Essig- und Oxalsäure, Öl.

Medizinische Eigenschaften: Blutreinigend, Auswurf fördernd, entzündungshemmend, harntreibend, schweißtreibend, tonisierend, wundheilend.

Zubereitung: Aufguß: 54 g Blüten und Blätter in 1 Liter kochendem Wasser 10 Minuten ziehen lassen. Absud: 18 g getrocknete Blüten und Blätter in 1 Liter Wein 5 Minuten kochen lassen, filtrieren, abfüllen. Aufguß bei Gelbsucht: 18 g Blüten und Blätter sowie 18 g Löwenzahnblätter und -Wurzeln in 1 Liter kochendem Wasser 8 Minuten ziehen lassen. Aufguß zu besserer Nierenfunktion: 42 g Blüten und Blätter in 1 Liter kochendem Wasser 12 Minuten ziehen lassen.

Volksmedizinische Anwendung: Innerlich und äußerlich. Aufguß als Gurgelwasser bei Angina: Täglich 3 Tassen, zwischen den Mahlzeiten trinken. Aufguß bei ungenügender Nierenfunktion: Täglich 3 Tassen trinken. Aufguß wie beschrieben bei Ödem (Wassersucht): Täglich 3 Tassen trinken, 3 Wochen lang.

Echte Kamille

Maticaria chamomilla

Familie: Korbblütler, Asteraceae.

Stengel: 15–40 cm hoch, aufrecht, zart, rund, grün, ästig, beblättert.

Blätter: Zwei- bis dreifach fiederteilig, mit vielen schmal-linealischen Zipfeln, hellgrün, wechselständig, sitzend.

Blüten: In Köpfchen endständig, einzeln, gestielt, 12–25 mm breit. Zahlreiche Zungenblütchen, weiß, strahlig, meistens herabgeschlagen, umgeben von vielen gelben Röhrenblütchen. Angenehm aromatisch, Blütenboden keulenförmig hohl.

Blütezeit: Mai bis September.

Standort: Bis 1700 m, auf unterschiedlichen Böden. Augebiete, Schuttplätze, Rasen, warme Böschungen, Äcker. Nicht mehr häufig! Örtlich kleinere Bestände.

Verbreitung: Alpen, besonders Mittel- und Südeuropa.

Wirksame Pflanzenteile: Blütenköpfchen.

Sammelzeit: Mai bis September.

Aufbewahrung: Gut durchlüftet, rasch an der Sonne trocknen, verschlossen aufbewahren.

Inhaltsstoffe: Ätherisches Öl, Flavonoide, Glykoside, Cumarinderivate, Terpene, Fettsäuren, Kalium.

Medizinische Eigenschaften: Antiseptisch, entzündungshemmend, krampflösend, Menstruation regulierend, sedativ, schmerzstillend, tonisch, verdauungsfördernd.

Zubereitung: Aufguß: 45 g getrocknete Blütenköpfchen in 1 Liter kochendem Wasser 15 Minuten ziehen lassen. Aufguß bei Kopfschmerzen: 5 g Blütenköpfchen in 1 Liter kochendem Wasser 5 Minuten ziehen lassen. Aufguß bei Verletzungen der Mundschleimhaut: 55 g Blütenköpfchen in 1 Liter kochendem Wasser 10 Minuten ziehen lassen, abseihen. Kamillenöl: 75 g Blütenköpfchen in 1 Liter warmem Olivenöl 3 Stunden ziehen lassen, auspressen, filtrieren, abfüllen.

Volksmedizinische Anwendung: Innerlich und äußerlich. Aufguß bei Grippe: Täglich 3 Tassen möglichst warm trinken. Aufguß bei Kopfschmerzen: Alle 2 Stunden 1 Tasse lauwarm trinken. Aufguß bei ausbleibender Menstruation: 1 Woche vor Eintritt der Menstruation täglich 2 Tassen trinken. Aufguß bei Verletzungen der Mundschleimhaut: Täglich 4mal Spülungen vornehmen. Kamillenöl bei Neuralgie: Die schmerzenden Stellen einreiben. Rohe Blütenköpfchen zur Wundheilung auflegen.

Roßkastanie

Aesculus hyppocastanum

Familie: Roßkastaniengewächse, Hyppocastanaceae.

Stengel: Baum bis 25 m hoch, aufrecht, stark, Rinde braun, ästig.

Blätter: In dichter Krone, an den Zweigen auf langen rinnigen Stielen, fünf- bis siebenzählig, fingerförmig geteilt. Einzelblatt breit keulenförmig, spitz, ganz fein gesägt, grün.

Blüten: In dichter aufrechter Rispe, 5 Kronblätter breit, trompetenförmig, gefranst, weiß, 7 Staubblättchen und 1 Griffel weit aus der Blüte ragend. Saftmale gelb und rot gefleckt. Kelch fünflappig, ungleich lang. Frucht eiförmig-rund, bis 6 cm Durchmesser, stachelig, gelb-grün. 2–3 Samen, braun, glänzend, unrund.

Blütezeit: April bis Juni.

Standort: Bis 1500 m auf Kalk- und Silikatböden. Meistens angepflanzt, Gärten, Alleen. Zerstreut.

Verbreitung: Alpen, fast ganz Europa. Heimisch nur im Balkan!

Wirksame Pflanzenteile: Rinde junger Zweige, Samen.

Sammelzeit: Oktober bis November.

Aufbewahrung: Früchte schälen, zerkleinern und wie die Rindenstückchen an der Sonne trocknen.

Inhaltsstoffe: Saponine, Flavonoide, Camarin, Stärke, Zucker, fettes Öl, Gerbstoff.

Medizinische Eigenschaften: Blutstillend, adstringierend, entzündungshemmend, gefäßverengend.

Zubereitung: Absud für Vollbad: 480 g Rinde in 4 Liter kochendem Wasser 12 Minuten ziehen lassen und dann dem Badewasser beigeben. Absud für Kompressen: Menge von ca. 6 Stück Früchten in 1 Liter Wasser 15 Minuten kochen lassen. Absud bei Krampfadern: 42 g Rinde in 1 Liter Wasser 10 Minuten kochen lassen, auch zur Stärkung der Venen zu verwenden.

Volksmedizinische Anwendung: Innerlich und äußerlich. Absud für zirkulationsförderndes Bad. Absud für Kompressen bei Couperose: Täglich 2mal auflegen. Absud bei Krampfadern: Täglich 2 Tassen trinken. Absud zur Stärkung der Venen: Täglich 3 Tassen trinken.

Knoblauchsrauke

Allaria petiolata

Familie: Kreuzblütler, Brassicaceae.

Stengel: 30–70 cm hoch, aufrecht, stark, kantig, beblättert, grün, kahl, hohl.

Blätter: Wechselständig, die unteren gestielt, dreieckig, spitz, am Grunde herzförmig, die oberen nierenförmig, buchtig gezähnt, grün, stark aromatisch nach Knoblauch riechend.

Blüten: In endständigen lockeren Trugdolden. 4 Kronblättchen verkehrt eiförmig, weiß. 6 Staubblättchen, gelb. 4 Kelchblättchen, eiförmig, anliegend, grün, an zarten Stielchen, teilweise lockere Blütenrispen, auch aus den Blattachseln der oberen Stengelblätter.

Blütezeit: April bis Juli.

Standort: Bis ca. 1000 m, auf unterschiedlichen Böden. Feuchte Ufer, Schuttplätze, Gebüschränder, Auen, Wegraine. Ziemlich häufig. Örtlich größere Bestände!

Verbreitung: Alpen, nördliches Europa.

Wirksame Pflanzenteile: Ganze Pflanze ohne Wurzel.

Sammelzeit: Juni bis August.

Aufbewahrung: Abgeschnittene Pflanzen, gut durchlüftet, schattig, rasch trocknen, auch frisch zu verwenden.

Inhaltsstoffe: Glykosid, ätherisches Öl, Enzyme, Bitterstoff.

Medizinische Eigenschaften: Auswurf fördernd, antiseptisch, harntreibend, wundheilend, wundreinigend.

Zubereitung: Saft: Gut gewaschene Pflanzen auspressen, Saft täglich frisch zubereiten. Lotion: 95 g frische Pflanze in 1 Liter Wasser 8 Minuten kochen lassen, abseihen. Blätterbrei: Frische, rohe Blätter zerstoßen und auf die Wunde auflegen. Aufguß: 24 g der Pflanze in 1 Liter kochendem Wasser 4 Minuten ziehen lassen.

Volksmedizinische Anwendung: Innerlich und äußerlich. Frischer Saft bei Ekzem: Die befallenen Hautstellen zwei- bis dreimal täglich bestreichen. Lotion zur Desinfektion der Haut. Blätterbrei zur Wundheilung: zwei- bis dreimal täglich wechseln. Aufguß für Mundbad bei Zahnfleischschwund: Mehrmals täglich anwenden.

Maiglöckchen

Convallaria majalis

Familie: Liliengewächse, Liliaceae.

Stengel: 8–25 cm hoch, aufrecht, zart, rund, kahl, grün.

Blätter: Grundständig, ein Paar, groß, breit-lanzettlich, spitz, zum Grunde verschmälert, parallelnervig, dunkelgrün, oberseits glänzend.

Blüten: Einseitswendige, lockere Traube. Einzelblütchen, gestielt, nickend, glockenförmig, sechs Kronblätter, verwachsen, Zipfel auswärts gebogen, weiß. Griffel zitronengelb.

Blütezeit: Mai bis Juni.

Standort: 600–2200 m, lockere, warme Böden. Lichte Wälder, Bergwiesen, Haselnußstaudengebüsche, Bachrand, halbschattige Auen. Ziemlich häufig! Gesellig, geschützt!

Verbreitung: Alpen, Apennin, Norwegen.

Wirksame Pflanzenteile: Blüten, Blätter.

Sammelzeit: April bis Juni.

Aufbewahrung: Blüten und Blätter schnell, schattig trocknen.

Inhaltsstoffe: Herzglykoside, (Convallatosin, Convallosid) Saponine.

Medizinische Eigenschaften: Abführend, brechreizerzeugend, harntreibend, krampflösend, Herztätigkeit regulierend, herzstärkend.

Zubereitung: Aufguß: 12 g Blüten in 1 Liter kochendem Wasser 8 Minuten ziehen lassen.

Volksmedizinische Anwendung: Innerlich. Aufguß bei Herzklopfen: 1 Tasse langsam trinken. Die Pflanze ist giftig, sollte daher ohne ärztliches Rezept nicht verwendet werden!

Vorsicht: Beeren sind giftig! Dosierungen beachten!

Meisterwurz

Peucedanum ostruthium

Familie: Doldenblütler, Apiaceae.

Stengel: 30–90 cm hoch, aufrecht, rund, gefurcht, hohl, grün, beblättert, ästig.

Blätter: Sehr groß, gestielt, doppelt dreizählig, 15–30 cm lang. Blattabschnitte breit-eiförmig, eingeschnitten, gesägt, grün, aus scheidigem Stengelknoten austretend.

Blüten: In 20–50strahliger Dolde, endständig an starkem Stengel. Krone der Einzelblütchen weiß oder rosa. Zarte Hüllblättchen nadelförmig, spitz, grün.

Blütezeit: Juni bis August.

Standort: 1100–2600 m, auf Kalk- und Silikatgestein. Bergwiesen, Blockfluren, Hochstaudenfluren, Grünerlenbestände, Lichtungen, in Legföhrenbeständen, Schluchten, Lagerstellen des Viehs. Ziemlich häufig!

Verbreitung: Alpen, Apennin, Pyrenäen.

Wirksame Pflanzenteile: Wurzelstock.

Sammelzeit: Vor dem Erblühen im Mai bis Juni oder September bis November.

Aufbewahrung: Wurzelstock waschen, zerkleinern, im Schatten trocknen, verschlossen aufbewahren. Wurzel kann auch frisch verwendet werden.

Inhaltsstoffe: Ätherisches Öl, Harz, Kautschuk, Gerbstoff.

Medizinische Eigenschaften: Auswurf fördernd, appetitanregend, magenwirksam.

Zubereitung: Aufguß: 18 g getrocknete Wurzeln in 1 Liter kochendem Wasser 10 Minuten ziehen lassen. Aufguß bei Blähungen: 30 g in 1 Liter kochendem Wasser 10 Minuten ziehen lassen. Meisterwurzschnaps: Daumengroßes, frisches Wurzelstück, zerkleinert in 1 Liter Obstschnaps 3 Wochen in verschlossener Flasche ziehen lassen, filtrieren, abfüllen, verschlossen aufbewahren.

Volksmedizinische Anwendung: Innerlich und äußerlich. Aufguß zur Appetitsteigerung: Täglich 2 Tassen trinken. Aufguß bei Blähungen: 1 Tasse nach den Mahlzeiten trinken. Meisterwurzschnaps bei Menstruationsbeschwerden: 1 bis 2 Likörgläschen. Meisterwurz im Mund zerkaut hilft gegen Schnupfen.

Mutterkraut

Chrysanthemum parthenium

Familie: Korbblütler, Compositae.

Stengel: 35–85 cm hoch, aufrecht, mehrere Stengel, buschartig aus einem Wurzelstock, rund, grün, beblättert, ästig.

Blätter: Wechselständig, unpaarig gefiedert. Fiederblättchen eiförmig, gekerbtgesägt, grün, gestielt.

Blüten: Langgestielt, endständig, 12–15 mm breit. Größere weiße Zungenblütchen umgeben strahlig zahlreiche gelbe Röhrenblütchen. Einzelblüten sind in lockeren Rispen aufrecht angeordnet.

Blütezeit: Mai bis August.

Standort: Bis 1200 m, auf unterschiedlichsten Böden, warme nährstoffreiche Plätze. Waldrand, Lichtungen, Wegraine, Gärten, Schuttplätze. Zerstreut! Örtlich größere Bestände.

Verbreitung: Alpen, fast ganz Europa, besonders Südalpen.

Wirksame Pflanzenteile: Blühende Sproßspitzen, Blätter.

Sammelzeit: Juni bis August.

Aufbewahrung: Schnell und schattig trocknen.

Inhaltsstoffe: Borneol, ätherisches Öl, Fette, Kohlenhydrate, Mineralsalze.

Medizinische Eigenschaften: Antiseptisch, fiebersenkend, krampflösend, tonisierend, Menstruation regulierend.

Zubereitung: Aufguß für beruhigendes Bad: 480 g blühende Sproßspitzen in 4 Liter kochendem Wasser 10 Minuten ziehen lassen, dann dem Badewasser beigeben. Aufguß zur Fiebersenkung: 24 g getrocknete Blätter in 1 Liter kochendem Wasser 10 Minuten ziehen lassen. Aufguß bei Schlaflosigkeit: 18 g blühende Sproßspitzen in 1 Liter kochendem Wasser 5 Minuten ziehen lassen, abseihen, abfüllen. Mutterkrautwein: 75 g getrocknete Blüten in 1 Liter Weißwein 5 Tage ziehen lassen, filtrieren, abfüllen.

Volksmedizinische Anwendung: Innerlich und äußerlich. Aufguß für beruhigendes Bad. Aufguß bei Fieber: Eine bis zwei Tassen. Aufguß bei Schlaflosigkeit: Täglich 1 Tasse vor dem Schlafengehen. Mutterkrautwein bei Verdauungsstörungen: 1 Gläschen vor den Mahlzeiten.

Sauerklee

Oxalis acetosella

Familie: Sauerkleegewächse, Oxalidaceae.

Stengel: Bis 12 cm hoch, mehrere aus einem Wurzelstock, zart, rund, gelbgrün, kahl.

Blätter: Grundständig, lang gestielt, dreizählig, kleeblattartig, meistens gefaltet, grün. Blattstiel zart, rund, hellgrün, eßbar!

Blüten: Endständig, einzeln, an langen Stielchen, mit schuppenförmigen Blättchen in der Mitte der Stielchen, anliegend. Krone 12–20 mm breit, fünf Kronblättchen, rund-eiförmig, weiß oder rosa, purpurn geadert. Kelchblättchen, lanzettlich, grün, anliegend, ca. 5 mm lang.

Blütezeit: April bis Juni.

Standort: Bis 2100 m, auf humusreichen Böden. Lichte Wälder, Zwergstrauchgesellschaften, Gebüsche, Auen. Häufig.

Verbreitung: Alpen, fast ganz Europa.

Wirksame Pflanzenteile: Frische Wurzeln und Blätter.

Sammelzeit: Blätter: Juni bis August. Wurzeln: April bis Mai.

Aufbewahrung: Nur frisch verwenden!

Inhaltsstoffe: Vitamin C, Schleimstoffe, Kaliumhydrogenovalat, Oxalsäure.

Medizinische Eigenschaften: Fiebersenkend, harntreibend, blutreinigend, behebt Sodbrennen.

Zubereitung: Aufguß: 24 g frische Wurzeln und 12 g Blätter in 1 Liter kochendem Wasser 10 Minuten ziehen lassen. Absud: 36 g Wurzeln in 1 Liter Wasser 5 Minuten kochen und 5 Minuten ziehen lassen.

Volksmedizinische Anwendung: Innerlich. Aufguß zur Frühjahrskur: 3 Wochen lang 4–6 Tassen täglich. Absud bei Veränderung der Beschaffenheit oder bei fahler Haut: Täglich 3 Tassen, 3 Wochen lang.

Vorsicht: Pflanze enthält geringe Mengen Oxalsäure und ist daher schwach giftig! Dosierungen und Anwendungszeit beachten!

Wiesenschafgarbe

Achillea millefolium

Familie: Korbblütler, Asteraceae.

Stengel: 15–50 cm hoch, aufrecht, stark, rund, zäh, beblättert, grün.

Blätter: Wechselständig, sitzend, 4–10 cm lang, doppelt-fiederteilig, dunkelgrün, aromatisch duftend.

Blüten: In endständigen Trugdolden aus kleinen Blütenkörbchen. Vier bis fünf Zungenblütchen außen, weiß oder rosa. Röhrenblütchen gelblich bis weiß, dicht stehend, aufrecht, duftend.

Blütezeit: Juni bis Oktober.

Standort: Bis 2700 m, vorwiegend auf stickstoffhaltigen, aber auch unterschiedlichen Böden. Bergwiesen, Raine, Wegränder, Weiden, Halbtrockenrasen. Häufig! Gesellig.

Verbreitung: Alpen, Pyrenäen, Apennin, Norwegen.

Wirksame Pflanzenteile: Blätter, blühende Sproßspitzen, Früchtchen.

Sammelzeit: Blätter: Mai bis Juni. Sprossen: Juni bis Juli vor dem Verblühen. Früchtchen im September bis Oktober.

Aufbewahrung: Pflanze ohne Wurzel schattig trocknen, Früchtchen auf Unterlage (Papier, Karton) trocknen, verschlossen aufbewahren.

Inhaltsstoffe: Glykoside, organische Säuren, Phosphor, Kalium, Stickstoffverbindungen, Alkaloid, ätherisches Öl, Harz, Gerbstoffe, Inulin, Schwefel, Kieselsäure.

Medizinische Eigenschaften: Antiseptisch, krampflösend, blutstillend, adstringierend, tonisierend, Menstruation regulierend, stoffwechselanregend, appetitanregend, blutbildend, wundheilend, schmerzstillend, magenkräftigend.

Zubereitung: Aufguß: 20 g getrocknete Sproßspitzen oder Blätter in 1 Liter kochendem Wasser 10 Minuten ziehen lassen. Absud: 48 g blühende Sproßspitzen und Blätter in 1 Liter Wasser 12 Minuten kochen lassen, Kompressen damit tränken. Aufguß zur Menstruationsregulierung: 30 g blühende Sproßspitzen in 1 Liter kochendem Wasser 8 Minuten ziehen lassen. Aufguß: 24 g Sproßspitzen in 1 Liter kochendem Wasser 5 Minuten ziehen lassen.

Volksmedizinische Anwendung: Innerlich und äußerlich. Aufguß bei Akne: Täglich 3 Tassen zwischen den Mahlzeiten. Absud für Kompressen gegen Hämorrhoiden. Aufguß bei zu geringer Regelblutung: 1 Woche vor Eintritt der Menstruation täglich 2 Tassen. Aufguß zur Wundheilung und zur Blutbildung: Täglich 3 Tassen trinken.

Vorsicht: Die Heilpflanze enthält auch geringe Mengen Furocumarine, das bei Sonnenbestrahlung auf der Haut Entzündungen hervorrufen kann.

Bitteres Schaumkraut

Cardamine amara

Familie: Kreuzblütengewächse, Brassicaceae.

Stengel: 10–50 cm lang, kriechend und aufsteigend, mit Ausläufern, fünfkantig, beblättert, markig, nicht hohl, unten spärlich behaart, grün.

Blätter: An den Stengeln unpaarig gefiedert, Teilblättchen eiförmig-rundlich bis länglich, mit großem Endlappen, dunkelgrün. Obere Stengelblätter auch doppelt gefiedert, heller grün.

Blüten: Am Stengelende in loser Rispe, vier Kronblätter verkehrt-eiförmig, stumpf, weiß, ausgebreitet, ca. 5–12 mm Durchmesser. Weit hervorstehende Staubblätter, purpurviolett, Narbe gelb.

Blütezeit: Mai bis August.

Standort: Bis 2600 m, auf Kalk und Silikatgesteinsböden, aber eher kalkscheu. Nasse Felsen, feuchte Bergwiesen und Geröllhalden, Quellfluren. Selten!

Verbreitung: Alpen, Pyrenäen, Apennin, Norwegen.

Wirksame Pflanzenteile: Ganze Pflanze ohne Wurzeln, besonders junge Triebe.

Sammelzeit: Mai bis September.

Aufbewahrung: Pflanzen frisch verwenden.

Inhaltsstoffe: Mineralsalze, Senfschwefelglykoside, Vitamin A, B2, C, E, PP.

Medizinische Eigenschaften: Blutreinigend, fiebersenkend, harntreibend, stimulierend, magenstärkend.

Zubereitung: Absud: Ganze Pflanzen in 1 Liter Wasser kochen und 10 Minuten ziehen lassen.

Volksmedizinische Anwendung: Innerlich und äußerlich. Frische Pflanzen bei Akne. Zur Appetitsteigerung frische Pflanzen als Vorspeise. Absud bei Bronchitis: Oben angegebene Menge in 24 Stunden verwenden. Frische Pflanzen zur raschen Heilung bei Verletzungen der Mundschleimhaut kauen. Frische Pflanzen zur Rekonvaleszenz.
Dosierung beachten!

Schlehdorn

Prunus spinosa

Familie: Rosengewächse, Rosaceae.

Stengel: Bis 4 m hoher Strauch, stark, ästig und spitzdornig, holzig, Rinde schwarzbraun, Zweigende graubraun, behaart, beblättert.

Blätter: Wechselständig, ei-lanzettlich, 3–5 cm lang, fein gezähnt, grün, kurz gestielt.

Blüten: Einzeln oder zu zweit, dicht gedrängt an den Zweigen. Krone flach ausgebreitet, Kronblättchen verkehrt eiförmig, 5–7 mm lang, weiß. Zahlreiche Staubblättchen, weit aus den Blütchen ragend, gelb. Kelchblättchen klein unscheinbar, grün, fein gezähnt. Blüten erscheinen vor den Laubblättern! Frucht rund, kugelig, blau, bereift, ca. 10–15 mm Durchmesser.

Blütezeit: Mai bis Juni.

Standort: Bis 1700 m, auf Kalk- und Silikatböden. Hecken, Wegränder, Waldränder, Gebüsche, Feldgehölze. Ziemlich häufig!

Verbreitung: Alpen, fast ganz Europa.

Wirksame Pflanzenteile: Blätter, Blüten, Früchte, Rinde.

Sammelzeit: Blüten im Mai bis Juni, Blätter Juni bis Juli, Früchte im September bis November, Rinde Frühjahr oder Herbst.

Aufbewahrung: Rinde, Blüten, Blätter und die reifen Früchte gut durchlüftet, rasch im Schatten trocknen.

Inhaltsstoffe: Blausäureglykoside, Flavonoide, Gerbstoff, Vitamin C.

Medizinische Eigenschaften: Adstringierend, abführend, blutreinigend, harntreibend, schweißtreibend, tonisierend.

Zubereitung: Aufguß: 25 g Blüten in 1 Liter kochendem Wasser 10 Minuten ziehen lassen. Aufguß zur Frühjahrskur 18 g Blüten in 1 Liter kochendem Wasser 5 Minuten ziehen lassen. Absud gegen Müdigkeit: 35 g Früchte in 1 Liter Wasser 5 Minuten kochen lassen, abseihen.

Volksmedizinische Anwendung: Innerlich und äußerlich. Aufguß bei Akne: Täglich 2 Tassen morgens und abends trinken. Aufguß zur Entschlackung im Frühjahr: Täglich 2 Tassen morgens und abends trinken. Absud bei Müdigkeit: Täglich 1 Liter trinken.
Dosierungen genau beachten!

Seerose (Weiße Teichrose)

Nymphaea alba

Familie: Seerosengewächse, Nymphaeaceae.

Stengel: Bis 3 m lang, entsprechend der Wassertiefe, stark, rund, seilartig, grün.

Blätter: Schwimmend an langen Stielen, groß, rundlich, herzförmig eingeschnitten, 10–28 cm lang, 8–12 cm breit, ganzrandig, grün, glänzend, unterseits braun.

Blüten: Endständig an langen Stielen, groß, ca. 8–12 cm Durchmesser. 16–25 Kronblätter, länglich-eiförmig, spitz, reinweiß oder rot. Zahlreiche Staubblättchen, fadenförmig, gelb, flache Narbenscheibe, 12–24strahlig, gelb. Vier Staubblätter, eiförmig, spitz, grün, Blüte schwimmt auf dem Wasserspiegel.

Blütezeit: Juni bis August.

Standort: Bis 1600 m, stehende oder langsam fließende Gewässer. Warme nährstoffarme Teiche, Moorseen. Eher selten, örtlich größere Bestände. Geschützt!

Verbreitung: Alpen, fast ganz Europa.

Wirksame Pflanzenteile: Blüten, Wurzelstock.

Sammelzeit: Juni bis August.

Aufbewahrung: Wurzeln waschen, zerkleinern und wie die Blütenblätter schattig trocknen.

Inhaltsstoffe: Alkaloide, Glykoside, Gerbstoff.

Medizinische Eigenschaften: Krampflösend, antibiotisch, sedativ.

Zubereitung: Absud: 20 g Wurzeln in 1 Liter Wasser 5 Minuten kochen lassen, filtrieren. Lotion: 28 g Blüten in 100 ml Wasser 30 Minuten kochen lassen, filtrieren und mit 18 g Kampfergeist vermischen. Aufguß: 24 g Blüten in 1 Liter kochendem Wasser 10 Minuten ziehen lassen, abseihen, abfüllen. Sirup: 75 g Blüten 6 Stunden in 1 Liter kochendem Wasser ziehen lassen, filtrieren und mit 1,5 kg Zucker nochmals aufkochen, abfüllen.

Volksmedizinische Anwendung: Innerlich und äußerlich. Absud als Haarwasser gegen Schuppen. Lotion zur Reinigung und Stärkung der Haut. Aufguß bei krampfhaftem Husten: Täglich 3 Tassen zwischen den Mahlzeiten. Sirup bei Schlaflosigkeit: Abends vor dem Schlafengehen ein Gläschen. Absud für Kompressen bei Blutgefäßerweiterung.

Echtes Seifenkraut

Saponaria officinalis

Familie: Nelkengewächse, Caryophyllaceae.

Stengel: 30–70 cm lang, aufrecht oder aufsteigend, mehrere aus einer Pflanze, zart, rund, grün, beblättert, oberwärts ästig, an den Gelenken knotig.

Blätter: Kreuzgegenständig, lanzettlich, spitz, sitzend, dunkelgrün, ganzrandig, parallelnervig.

Blüten: Am Stengelende, zu drei bis fünf, blattachselständig, unterwärts auch einzelne aus den Blattachseln. Fünf Kronblätter, spatelförmig, weiß oder rosa. Kelchröhre lang, walzenförmig, rot überlaufen, abends stärker duftend. Zehn Staubblätter und zwei Griffel.

Blütezeit: Juli bis September.

Standort: Bis 1400 m, auf kalkhaltigen Böden. Bergwiesen, Wegränder, Ufergelände, Gebüschränder, Hecken, Dämme, Schutthalden, sandige Plätze. Ziemlich häufig! Örtlich größere Bestände.

Verbreitung: Alpen, fast ganz Europa.

Wirksame Pflanzenteile: Blätter, Wurzeln.

Sammelzeit: Blätter vor der Blüte ab Juli. Wurzeln im Spätherbst nach der Blüte.

Aufbewahrung: Blätter wie Wurzeln, waschen, zerstückeln, schnell, schattig trocknen.

Inhaltsstoffe: Saponine, Harz, Schleim.

Medizinische Eigenschaften: Harntreibend, tonisierend, schweißtreibend, blutreinigend, Gallensekretion fördernd.

Zubereitung: Absud: 18 g getrocknete Wurzeln in 1 Liter Wasser 10 Minuten kochen lassen, abseihen. Absud als Gurgelwasser: 95 g getrocknete Blätter in 1 Liter Wasser 10 Minuten kochen. Absud bei Akne: 96 g getrocknete Wurzeln in 1 Liter Wasser 10 Minuten kochen lassen. Absud zur Anregung der Lebertätigkeit: 36 g Wurzeln in 1 Liter Wasser 5 Minuten kochen lassen, nur frisch verwenden!

Volksmedizinische Anwendung: Innerlich und äußerlich. Absud bei Arthritis: 3 Wochen lang täglich 2 Tassen. Absud als Gurgelwasser bei Angina: Mehrmals täglich. Absud, äußerlich, bei Akne: 2mal täglich die befallenen Hautstellen einpinseln. Absud bei krampfhaftem Husten: Täglich 1 Tasse. Absud zur Anregung der Lebertätigkeit: Täglich 3mal 1 Tasse.

Die Pflanze enthält reichlich Saponine die in Wasser Schaum erzeugen, daher ohne einzuweichen verwenden!

Silberwurz

Dryas octopetala

Familie: Rosengewächse, Rosaceae.

Stengel: 5–12 cm hoch, aufrecht, zart, rund, braun-rot, drüsig behaart.

Blätter: Grundständig, gestielt, lanzettlich, gekerbt, Oberseite grün, glänzend, Unterseite silberweiß-filzig, Blattlänge 3–6 cm, Blattbreite 10–20 mm.

Blüten: Einzeln, endständig, Blütendurchmesser 3–5 cm. Acht Kronblätter, eiförmig-länglich, stumpf, weiß. Zahlreiche Staubblätter, goldgelb.

Blütezeit: Mai bis August.

Standort: 800–2400 m, kalkhaltige, steinige Böden. Bergwiesen, auf Schutt, an überwachsenen Steinblöcken, Auen, Moränen, Verlandungsgebiete, Weiden. Pionierpflanze. Ziemlich häufig! Gesellig.

Verbreitung: Alpen, Apennin, Pyrenäen, Norwegen.

Wirksame Pflanzenteile: Blätter, Wurzel.

Sammelzeit: Blätter: Juni bis August. Wurzeln: April bis Juni.

Aufbewahrung: Blätter schattig trocknen. Wurzel waschen, zerkleinern und rasch trocknen.

Inhaltsstoffe: Gerbstoff, Mineralsalze, ätherisches Öl, Harz.

Medizinische Eigenschaften: Tonisierend, verdauungsfördernd, adstringierend, harntreibend, schweißtreibend, Brechreiz erregend.

Zubereitung: Aufguß: 18 g getrocknete Blätter in 1 Liter kochendem Wasser 10 Minuten ziehen lassen. Aufguß zur inneren Anwendung: 24 g Wurzeln in 1 Liter kochendem Wasser 12 Minuten ziehen lassen.

Volksmedizinische Anwendung: Innerlich und äußerlich. Aufguß: Als Mundbad oder Gurgelwasser mehrmals täglich. Aufguß zur innerlichen Anwendung: Täglich 3 Tassen zwischen den Mahlzeiten.

Rundblättriger Sonnentau

Drosera rotundifolia L.

Familie: Sonnentaugewächse, Droseraceae.

Stengel: 6–15 cm hoch, aufrecht, blattlos, gelb-grün, kahl.

Blätter: Grundrosette, ausgebreitet, rund-spatelig, gestielt, Blattstiel behaart, ungeteilt, zahlreiche rötliche Wimpern mit Tröpfchen (Tentakeln), ähnlich glänzendem Tau.

Blüten: Eine auf bis fünf blattlosen Stengeln, endständige, nickende Traube, klein, 4–6 mm lang, mit fünf Kelchblättern und fünf weißen Kronblättern. Ein Fruchtknoten mit fünf Staubgefäßen, kurzgestielt.

Blützeit: Juli bis September, je nach Höhenlage.

Standort: Bis 2000 m. Hochmoore, Gräben, vorzugsweise auf Torfmoospolstern oder Riedgrasbeständen, torfige, feuchte Wiesen. Ziemlich selten, jedoch gesellig!

Verbreitung: Alpen, Pyrenäen, Norwegen, Balkan; eurosibirische Pflanze. Geschützt!

Bemerkung: Drosera rotundifolia zählt zu den fleischfressenden Pflanzen. Insekten werden von der klebrigen Ausscheidung der langen, beweglichen Drüsenhaare an den Blättern festgehalten. Das im Sekret enthaltene, eiweißspaltende Ferment wirkt klebend und verdauend.

Wirksame Pflanzenteile: Blätter, Stengel und blühende Sprosse, Saft.

Sammelzeit: Juni bis September.

Aufbewahrung: Pflanzenteile schattig trocknen. Saft frisch verwenden.

Inhaltsstoffe: Flavonfarbstoffe, Gerbstoffe, Fermente, organische Säuren, ätherisches Öl.

Medizinische Eigenschaften: Husten lindernd, krampflösend, fiebersenkend, antiseptisch, gegen Unwohlsein bei Schwangeren, magenstärkend.

Zubereitung: Aufguß: 18 g der getrockneten Pflanze in 1 Liter kochendem Wasser 10 Minuten ziehen lassen. Aufguß zur Magenstärkung: 6 g Blätter in 1 Liter kochendem Wasser 5 Minuten ziehen lassen.

Volksmedizinische Anwendung: Innerlich und äußerlich. Aufguß zur Linderung bei krampfhaftem Husten: Täglich 3 Tassen. Aufguß zur Magenstärkung: Täglich 2 Tassen.

Weiße Taubnessel

Lamium album

Familie: Lippenblütler, Lamiaceae.

Stengel: 25–50 cm hoch, aufrecht, vierkantig, grün, beblättert.

Blätter: Kreuzgegenständig, breitlanzettlich, spitz, gesägt oder gekerbt, grün, kurz gestielt aber auch sitzend, brennesselartig, 3,5–7,5 cm lang, bis 4 cm breit.

Blüten: In Scheinquirlen aus den oberen Blattachseln, Blütenkrone aufrecht, Oberlippe helmartig mit aufwärts gebogener Kronröhre, Unterlippe breit, gefaltet, weiß, innen behaart.

Blütezeit: April bis Oktober.

Standort: Bis 1800 m, auf stickstoffreichen Böden. Äcker, Hecken, Unkrautbestände, an Wegen, Schuttplätze, an Mauern, an Zäunen und bei Viehlagern. Häufig!

Verbreitung: Alpen, fast ganz Europa.

Wirksame Pflanzenteile: Blätter, blühende Sproßspitzen, Blüten.

Sammelzeit: Mai bis Juli. Blüten: April bis Oktober.

Aufbewahrung: Pflanzenteile schattig trocknen, verschlossen aufbewahren.

Inhaltsstoffe: Glykoside, Saponin, Gerbstoffe, Kohlehydrate, Aminosäuren, ätherisches Öl.

Medizinische Eigenschaften: Adstringierend, blutreinigend, blutstillend, entzündungshemmend.

Zubereitung: Aufguß: 24 g blühende, getrocknete Sproßspitzen in 1 Liter kochendem Wasser 10 Minuten ziehen lassen. Aufguß bei Blasenentzündung: 18 g Blüten in 1 Liter kochendem Wasser 10 Minuten ziehen lassen. Aufguß bei Hämorrhoiden: 48 g Blüten und Blätter in 1 Liter kochendem Wasser 12 Minuten ziehen lassen. Aufguß bei Menstruationsstörungen: 18 g der Pflanze in 1 Liter kochendem Wasser 12 Minuten ziehen lassen.

Volksmedizinische Anwendung: Innerlich und äußerlich. Aufguß bei Anämie: 2 Tassen zwischen den Mahlzeiten. Aufguß wassertreibend und desinfizierend bei Blasenentzündung: Täglich 4 Tassen. Aufguß zur innerlichen Anwendung bei Hämorrhoiden: Täglich 2 Tassen. Aufguß bei ausbleibender Menstruation: 1 Woche vor Eintritt der Menstruation täglich 2 Tassen trinken.

Waldmeister

Galium odoratum

Familie: Rötegewächse, Rubiaceae.

Stengel: 10–20 cm hoch, aufrecht, vierkantig, beblättert, grün, kahl.

Blätter: Zu 6 bis 8 quirlständig, Einzelblätter lanzettlich bis spatelförmig, spitz, einnervig, grün, sitzend.

Blüten: In endständiger, aufrechter Dolde, Einzelblütchen klein, trichterförmige Krone, vier Blütenzipfel, weiß, 4–5 mm breit.

Blütezeit: Mai bis Juli.

Standort: Bis 1600 m, auf nährstoffreichen Böden. Lichte Mischwälder, besonders Buchenwälder, Gebüsche, Auen. Verbreitet.

Verbreitung: Alpen, fast ganz Europa.

Wirksame Pflanzenteile: Ganzes Pflänzchen.

Sammelzeit: Vor der Hauptblüte, Mai bis Juli.

Aufbewahrung: Abgeschnittene Pflanzenteile in kleinen Büscheln schattig trocknen.

Inhaltsstoffe: Vitamin C in den Blättchen, Fette, Cumarin, Farbstoffe, Bitterstoff, Zitronen- und Katechussäure.

Medizinische Eigenschaften: Blutreinigend, harntreibend, gallentreibend, antiseptisch, sedativ, tonisierend, wundheilend, stoffwechselfördernd, wirksam bei Steinleiden und Schlaflosigkeit.

Zubereitung: Aufguß: 30 g blühende Sproßspitzen in 1 Liter kochendem Wasser 5 Minuten ziehen lassen. Aufguß bei Nierensteinen: 18 g blühende Sproßspitzen in 1 Liter kochendem Wasser 10 Minuten ziehen lassen. Breiumschlag: Frische Blätter zerstoßen. Waldmeisterwein: 42 g getrocknete Pflanzen mit 24 g Zucker in 1 Liter Weißwein 5 Stunden ziehen lassen, filtrieren, abfüllen. Waldmeistertee bei Schlaflosigkeit.

Volksmedizinische Anwendung: Innerlich und äußerlich. Aufguß bei zu geringer Gallenblasentätigkeit: Täglich 3 Tassen trinken. Aufguß bei Nierensteinen: Täglich 3 Tassen trinken. Breiumschlag bei Kopfschmerzen: Auf die Stirne auflegen, mehrmals täglich wechseln. Aufguß bei Schlaflosigkeit: 1 Tasse, lauwarm, vor dem Schlafengehen. Waldmeisterwein bei Verdauungsstörungen: 1 Gläschen vor den Mahlzeiten.

Wohlriechende Weißwurz (Salomonsiegel)

Polygonatum odoratum

Familie: Liliengewächse, Liliaceae.

Stengel: 15–45 cm hoch, bogig aufsteigend, rund, leicht gerieft, stark, grün, beblättert, kahl.

Blätter: Wechselständig, länglich-eiförmig, fleischig, parallelnervig, sattgrün, halbstengelumfassend, oberseits glänzend, unterseits matt, ganzrandig.

Blüten: In einseitswendiger Traube, meistens paarweise jedoch an einzelnen Stielchen hängend, glockenförmig-röhrig, Blütenkelch weiß mit grünem Saum, ca. 15–30 mm lang, aromatisch duftend.

Blütezeit: Mai bis Juni.

Standort: 600–2000 m, auf kalkhaltigen, lehmigen Böden. Bergwiesen, Haselnußgebüsche, in Maiglöckchenbeständen, lichten Wäldern, an Gebüsch- und Waldrändern. Nicht häufig!

Verbreitung: Alpen, Apennin, Norwegen

Wirksame Pflanzenteile: Wurzel.

Sammelzeit: Herbst.

Aufbewahrung: Waschen, zerkleinern und in dunklem Glas schnell trocknen.

Inhaltsstoffe: Saponin, Gerbstoff, Schleim, Kalziumoxalat, Glykoside, Asparagin, Convallaria-Glykoside.

Medizinische Eigenschaften: Abschwellend, entzündungshemmend auch bei schmerzhaftem Rheumatismus.

Zubereitung: Absud: 46 g Wurzeln in 1 Liter Wasser 5 Minuten kochen lassen. Absud für Kompressen: 54 g Wurzeln in 1 Liter Wasser 5 Minuten kochen lassen. Wurzeln zum Auflegen bei Quetschungen: Zerstoßen und kochen.

Volksmedizinische Anwendung: Äußerlich. Absud gegen Hautflechten: Mehrmals am Tage betupfen. Absud für Kompressen bei Rheumatismus: Alle 2–3 Stunden erneuern. Wurzeln auflegen bei Quetschungen.

Vorsicht: Plfanze enthält Glykoside, Dosierung und Anwendung genau beachten! Beeren sind giftig!

Mittlerer Wegerich

Plantago media

Familie: Wegerichgewächse, Plantaginaceae.

Stengel: 15–30 cm hoch, aufrecht, rund, zart, grün, zottig behaart, blattlos.

Blätter: In grundständiger Rosette, breit-elliptisch, spitz, parallelnervig, kurz gestielt, grün, ganzrandig.

Blüten: In dichten walzlichen Ähren am Stengelende, Einzelblütchen unscheinbar, weiß bis rötlich, Staubblättchen lang, zart, rosaviolett.

Blütezeit: Mai bis Juni.

Standort: Bis 2300 m, auf Kalk- und Silikatgestein. Trockene, warme Bergwiesen, Wegraine, Wiesen, Weiden. Häufig!

Verbreitung: Alpen, fast ganz Europa.

Wirksame Pflanzenteile: Ganze Pflanze, frischer Saft, Früchtchen.

Sammelzeit: Blätter vor der Hauptblütezeit, Wurzeln ganzjährig.

Aufbewahrung: Wurzeln waschen und wie Blätter und Früchtchen schattig, schnell trocknen, verschlossen aufbewahren.

Inhaltsstoffe: Gerbstoffe, Mineralsalze, Schleimstoffe, Kohlehydrate, Schwefel.

Medizinische Eigenschaften: Blutreinigend, adstringierend, harntreibend, wundheilend, blutstillend, wirksam bei Durchfällen.

Zubereitung: Aufguß für Augenbad: 18 g einer der Wegericharten, 10 g Steinklee, 10 g Kornblumen in 300 ml kochendem Wasser 12 Minuten ziehen lassen. Aufguß bei Bronchitis: 48 g Früchtchen einer der Wegericharten in 1 Liter kochendem Wasser 5 Minuten ziehen lassen, filtrieren. Brei zur Wundheilung: Rohe Blätter zu einem Brei zerstoßen, immer frisch verwenden. Aufguß bei Erkrankung der Lunge: 12 g Blätter in 1 Liter kochendem Wasser 10 Minuten ziehen lassen, abseihen.

Volksmedizinische Anwendung: Innerlich und äußerlich. Getrocknete Blätter bei Akne: Auf die befallenen Hautstellen auflegen, 2mal täglich wechseln. Aufguß bei entzündeten Augen: Täglich 2mal ein Augenbad nehmen. Aufguß bei Bronchitis: 2 Tassen pro Tag, warm trinken. Blätterbrei zur Wundheilung: Auf die Wunde auflegen. Aufguß zur Linderung bei Atembeklemmung (Lunge): Täglich 2 Tassen zwischen den Mahlzeiten trinken. Aufguß bei Asthma: Täglich 2 Tassen.

Spitzwegerich

Plantago laceolata

Familie: Wegerichgewächse, Plantaginaceae.

Stengel: 8–45 cm hoch, bogig aufsteigend oder aufrecht, rund, leicht gefurcht, fein flaumig behaart, grün.

Blätter: Rosettig, lang-lanzettlich, sitzend, parallelnervig, grün, ganzrandig, eingerandet.

Blüten: In endständiger kopfiger Ähre, Einzelblütchen unscheinbar, dicht, trübe weiß, Staubblättchen lang, abstehend, weiß, später braun.

Blütezeit: Mai bis Oktober.

Standort: Bis 1800 m, auf nährstoffreichen, lehmigen oder auch sandigen Böden. Bergwiesen, Wegraine, Weiden, Schuttplätze, Uferbereiche, Wegränder. Häufig!

Verbreitung: Alpen, fast ganz Europa.

Wirksame Pflanzenteile: Ganze Pflanze, frischer Saft, Früchtchen.

Sammelzeit: Blätter vor der Hauptblütezeit, Wurzeln ganzjährig.

Aufbewahrung: Wurzeln waschen und wie Blätter und Früchtchen schattig, schnell trocknen, verschlossen aufbewahren.

Inhaltsstoffe: Gerbstoffe, Mineralsalze, Schleimstoffe, Kohlehydrate, Schwefel.

Medizinische Eigenschaften: Blutreinigend, adstringierend, harntreibend, wundheilend, blutstillend, wirksam bei Durchfällen.

Zubereitung: Aufguß für Augenbad: 18 g einer der Wegericharten, 10 g Steinklee, 10 g Kornblumen in 300 ml kochendem Wasser 12 Minuten ziehen lassen. Aufguß bei Bronchitis: 48 g Früchtchen einer der Wegericharten in 1 Liter kochendem Wasser 5 Minuten ziehen lassen, filtrieren. Brei zur Wundheilung: Rohe Blätter zu einem Brei zerstoßen, immer frisch verwenden. Aufguß bei Erkrankung der Lunge: 12 g Blätter in 1 Liter kochendem Wasser 10 Minuten ziehen lassen, abseihen.

Volksmedizinische Anwendung: Innerlich und äußerlich. Getrocknete Blätter bei Akne: Auf die befallenen Hautstellen auflegen, 2mal täglich wechseln. Aufguß bei entzündeten Augen: Täglich 2mal ein Augenbad nehmen. Aufguß bei Bronchitis: 2 Tassen pro Tag warm trinken. Blätterbrei zur Wundheilung: Auf die Wunde auflegen. Aufguß zur Linderung bei Atembeklemmung (Lunge): Täglich 2 Tassen zwischen den Mahlzeiten trinken. Aufguß bei Asthma: Täglich 2 Tassen.

Zaunwinde

Calystegia sepium

Familie: Windengewächse, Convolvulaceae.

Stengel: 1,5–3 m lang, liegend, aufsteigend, kletternd, beblättert, rund, verzweigt, grün, kahl, windend.

Blätter: Wechselständig, gestielt, groß, 8–12 cm lang, pfeilförmig, ganzrandig, kahl, grün.

Blüten: Blattachselständig, langgestielt, breit trichterförmig, 4–6 cm Durchmesser, weiß oder rosa, fünf hellere Streifen, Kelch von halbschaligen Kapseln umschlossen, geruchlos. Kurze Staubblätter und Griffel.

Blütezeit: Mai bis September.

Standort: Bis 1000 m, auf nassen, nährstoffreichen Lehmböden. Gebüsche, Waldränder, Ufer, Weidengebüsch. Zerstreut!

Verbreitung: Alpen, fast ganz Europa.

Wirksame Pflanzenteile: Wurzel, Blätter.

Sammelzeit: Wurzel im Herbst, Blätter Juni bis Juli.

Aufbewahrung: Wurzel waschen, zerkleinern und wie die Blätter im Schatten trocknen.

Inhaltsstoffe: Gerbstoff, Glykoside, Harz, Mineralsalze.

Medizinische Eigenschaften: Gallentätigkeit fördernd, abführend.

Zubereitung: Aufguß: 6 g frische oder getrocknete Blätter in 1 Liter kochendem Wasser 8 Minuten ziehen lassen. Aufguß bei Verstopfung: 5 g Blätter und Wurzeln in 1 Liter Wasser 2 Minuten kochen lassen.

Volksmedizinische Anwendung: Innerlich. Aufguß zur Förderung der Gallensekretion: täglich 3mal 1 Tasse, eine davon nüchtern. Aufguß bei Verstopfung: 2mal täglich 1 Tasse.

Echter Alant

Inula helenium

Familie: Korbblütler, Asteraceae.

Stengel: 30–150 cm hoch, aufrecht, stark, rund verzweigt, beblättert, grün, kahl.

Blätter: Wechselständig, groß, lanzettlich, teilweise stengelumfassend oder herablaufend, fein gesägt, behaart, grün, die unteren gestielt.

Blüten: Endständig an den Zweigen, Körbchen 35–60 mm Durchmesser, außen Zungenblüten, innen Röhrenblüten, goldgelb. Kelch flach mit dachziegelartig angeordneten Hüllblättchen, grün.

Blütezeit: Juli bis August.

Standort: 800–2000 m, auf eher sauren Böden, moorigen Wiesen, lehmigen Matten, warmen Bergwiesen. Selten!

Verbreitung: Alpen (besonders Südalpen), Seealpen.

Wirksame Pflanzenteile: Wurzelstock.

Sammelzeit: Nach der Blüte Juli bis September.

Aufbewahrung: Wurzel waschen, zerkleinern, schattig trocknen.

Inhaltsstoffe: Harze, Pektin, Inulin, ätherisches Öl.

Medizinische Eigenschaften: Husten lindernd, krampflösend, Gallensekretion fördernd, antiseptisch, wurmtreibend.

Zubereitung: Aufguß: Wurzelteile in kleine Stückchen schneiden und an der Sonne trocknen, pulverisieren, in 1 Liter kochendem Wasser 15 Minuten ziehen lassen. Absud: 4 g Wurzeln in 1 Liter Wasser kochen und 10 Minuten ziehen lassen.

Volksmedizinische Anwendung: Aufguß zur inneren Anwendung: Täglich drei- bis viermal eine Tasse gurgeln, eine Tasse trinken. Absud als antiseptisches Mittel bei Hautkrankheiten.

Arnika

Arnica montana

Familie: Korbblütler, Compositae.

Stengel: 20–60 cm hoch, aufrecht, rund, grün, oben leicht bräunlich, behaart, beblättert, öfters oben verzweigt.

Blätter: Grundständige Rosette aus zwei Blattpaaren, eiförmig-länglich, ganzrandig, parallelnervig, behaart, hellgrün. Stengelblätter ein bis zwei Paare kreuzgegenständig, eiförmig, sitzend, die oberen lanzettlich, spitz.

Blüten: Endständiges Körbchen, nicht selten auch bis drei, an kurzen Zweigen, 5–7 cm Durchmesser. Innen Röhrenblütchen, außen Zungenblüten lang lineal, Zipfel stumpf, gezähnt, leuchtend gelb. Fruchtknoten kurz, zylindrisch, grün, behaart. Hüllblättchen lanzettlich spitz, grün, anliegend.

Blütezeit: Juni bis August.

Standort: 800–2500 m, auf Kalk-Mergelböden aber genauso auf Silikat und sauren, moorigen Wiesen, Zwergstrauchheiden, Mooren, Lichtungen, Bergwiesen.

Verbreitung: Alpen, Nord-Apennin, Pyrenäen.

Wirksame Pflanzenteile: Die äußeren Blütenblättchen (Zungenblüten), Wurzelstock.

Sammelzeit: Juni bis September.

Aufbewahrung: Blüten rasch und schattig trocknen oder gleich frisch verwenden.

Inhaltsstoffe: Ätherisches Öl, Gerbstoff, Bitterstoff, Apfelsäure, Harz, Kieselsäure, Farbstoff.

Medizinische Eigenschaften: Adstringierend, entzündungshemmend, narbenbildend, schweißtreibend, wundheilend. Wirkt bei Verstauchungen, Zerrungen, Blutergüssen und bei nervösen Herzbeschwerden.

Zubereitung: Tinktur: Zungenblütchen von 10 Arnikapflanzen in $\frac{1}{2}$ Liter Weingeist, 12 Tage ziehen lassen. Aufguß: 24 g Blüten in 1 Liter kochendem Wasser 8 Minuten ziehen lassen.

Volksmedizinische Anwendung: Innerlich und äußerlich. Tinktur für Einreibungen bei Verstauchungen und Schwellungen: Mehrmals täglich. Tinktur bei Herzbeschwerden: 20 Tropfen auf 0,25 Liter Wasser, alle 2 Stunden einen Schluck trinken. Aufguß bei Rheuma und Gicht: Täglich 1 Tasse.

Vorsicht: Innerlich nur mit ärztlicher Verordnung anwenden!

Keulenbärlapp

Lycopodium clavatum

Familie: Bärlappgewächse, Lycopodiaceae.

Stengel: Bis 1,5 m lang, niederliegend-kriechend, an mehreren Stellen wurzelnd, verzweigt, beblättert, grün, mehrere aufrechte Triebe.

Blätter: Dicht um den Stengel angeordnet, Blättchen sehr klein, nadelartig, in eine reiche Borste auslaufend. Das Kraut fühlt sich wesentlich weicher an als beim Tannen- und Waldbärlapp! Mehrere aufrechte, beblätterte Triebe mit langen Stielen an denen meist 2 keulenförmige Sporangienähren stehen, gelbgrün, später hellbraun, Sporen schwefelgelb.

Blüten: Pflanze ohne Blüten und Samen, die Fortpflanzung erfolgt durch Sporen!

Blütezeit: Juli bis Oktober.

Standort: 900–2100 m, auf halbschattigen Waldböden, in Fichten- und Föhrenwäldern, zwischen Heidekraut, Erika und Heidelbeersträuchern. Zerstreut!

Verbreitung: Alpen, fehlt aber in vielen Gebieten der Alpen!

Wirksame Pflanzenteile: Sporen.

Sammelzeit: Juli bis Oktober.

Aufbewahrung: Sporen trocken und verschlossen aufbewahren. Sporen sind mit Wasser nicht benetzbar!

Inhaltsstoffe: Alkaloide, favonoide Fettsubstanzen, Zellulose, Säuren, Harz, Bitterstoff, Zucker, Lycopodin.

Medizinische Eigenschaften: Lindernd bei Gicht und Rheuma, harntreibend, gallentreibend, hilft bei Blasenkatarrh und Blasenschmerzen, abführend.

Zubereitung: Gut getrocknet als Streupulver zu verwenden. Tee: 12 g Sporen in 1 Liter kochendem Wasser 5 Minuten ziehen lassen.

Volksmedizinische Anwendung: Innerlich und äußerlich. Sporenpulver gegen wunde Hautstellen durch langes Liegen. Tee bei Blasenbeschwerden: Täglich 3 Tassen trinken. Tee bei Hämorrhoiden: 3mal täglich 1 Tasse trinken. Tee bei Verstopfung: Täglich 1 Tasse trinken. Sporenpulver als Puder und als Streupulver bei Säuglingen.

Gemeiner Beifuß

Artemisia vulgaris

Familie: Korbblütler, Asteraceae.

Stengel: 50–150 cm hoch, aufrecht, mehrere Sprosse aus einem Wurzelstock, ästig, stark, kantig bis rund, bräunlich, beblättert, Sproßspitzen grüngrau. Wurzelstock verholzt.

Blätter: Fiederteilig mit langen spitzen Abschnitten, oberseits grün, unterseits weißfilzig, kahl, aromatisch.

Blüten: In kleinen Körbchen, traubig-ährig an den Sproßen, 2–6 mm lang, 2–4 mm Durchmesser, gelb bis gelbgrün, aufrecht, außen filzig.

Blütezeit: Juli bis Oktober.

Standort: Bis 1800 m, auf Kalk- und Silikatböden. Warme, sonnige Abhänge, an Mauern, Felsfluren, Wegrainen, Auen, Weiden, Steinlagerstellen, an Gebüschen. Häufig!

Verbreitung: Alpen, fast ganz Europa.

Wirksame Pflanzenteile: Blühende Sproßspitzen, Blättchen, Wurzeln.

Sammelzeit: Juli bis Oktober. Wurzeln: September bis Oktober.

Aufbewahrung: Sproßspitzen und Blättchen luftig, rasch trocknen. Wurzeln waschen, zerkleinern im Ofen trocknen, gut verschlossen aufbewahren.

Inhaltsstoffe: Ätherisches Öl, Gerbstoff, Harz, Schleim, Insulin, Vitamin A 1, B 1, B2, C.

Medizinische Eigenschaften: Fiebersenkend, krampflösend, Menstruation regulierend, tonisierend, wurmtreibend.

Zubereitung: Beifußwein: 48 g getrocknete Sproßspitzen in 1 Liter Wein 28 Tage ziehen lassen, filtrieren, abfüllen. Aufgußmischung: 24 g Sproßspitzen und Blättchen mit 24 g Eberrautenkörnern in 1 Liter kochendem Wasser 12 Minuten ziehen lassen. Aufguß bei Übelkeit: 12 g blühende Sproßspitzen in 1 Liter kochendem Wasser 10 Minuten ziehen lassen. Aufguß bei Gallenbeschwerden: 18 g Sproßspitzen und Blättchen in 1 Liter kochendem Wasser 8 Minuten ziehen lassen.

Volksmedizinische Anwendung: Innerlich und äußerlich. Beifußwein gegen Appetitlosigkeit: Täglich 1 Gläschen vor den Mahlzeiten. Aufguß gegen Darmparasiten: An 3 Tagen im Monat eine Tasse nüchtern trinken, aber nur 3 Monate lang! Aufguß bei Übelkeit und Erbrechen: 1 Tasse lauwarm trinken, gleicher Aufguß auch gegen Fieber wirksam. Aufguß bei zu geringer Gallenblasentätigkeit: Täglich 2 Tassen trinken. Aufguß für Waschungen bei Hautgeschwüren und bei ausbleibender Menstruation oder zu geringer Blutung: Täglich 2 Tassen, eine Woche vor Eintritt der Regel beginnen.

Vorsicht: In größeren Mengen giftig! Besonders für Schwangere; Dosierung und Anwendungspausen beachten.

Aufrechtes Fingerkraut (Blutwurz)

Potentilla erecta

Familie: Rosengewächse, Rosaceae.

Stengel: 15–30 cm lang, niederliegend oder aufrecht, kräftiger Wurzelstock, daraus mehrere Stengel, meist ästig, zart, grün, behaart, beblättert.

Blätter: Grundblätter langgestielt, dreizählig, grün, grob gezähnt. Stengelblätter fünfzählig, handförmig, sitzend. Teilblättchen lanzettlich-keilförmig, gezähnt, grün.

Blüten: Einzeln in den Blattachseln, langgestielt, dünn, behaart. Vier Kronblätter, verkehrt herzförmig bis rundlich, breit, 1–1,8 cm Durchmesser, leuchtend gelb, am Grunde orangegelb, flach ausgebreitet. Fünfzehn bis zwanzig Staubblätter, ebenfalls gelb. Kelchblätter schmal-lanzettlich, gleich lang wie die Blütenblätter, spitz, grün.

Blütezeit: Mai bis August.

Standort: Bis 2500 m, auf kalkarmen, etwas feuchten Böden, sauren, torfigen Heiden, Hoch- und Flachmooren, trockenen Bergwiesen, lichten Laubwäldern, Mischwäldern, Magerrasen, Kieshalden und Gruben. Häufig und weit verbreitet!

Verbreitung: Alpen, Pyrenäen (Mittel- bis Südosteuropa).

Bemerkung: Die Pflanze enthält den Farbstoff Tormentillrot, daher der abgeleitete Name Blutwurz.

Wirksame Pflanzenteile: Wurzel (Bruchflächen der Wurzel werden blutrot!).

Sammelzeit: März bis April.

Aufbewahrung: Wurzel waschen, zerkleinern an der Sonne oder im Backrohr trocknen.

Inhaltsstoffe: Gerbstoffe, Farbstoffe, Stärke, Tormentillrot.

Medizinische Eigenschaften: Hilft bei akuten und chronischen Durchfällen. Blutstillend, adstringierend, Gurgelmittel, wirksam bei Entzündungen und Hämorrhoiden.

Zubereitung: Blutwurztee: 0,5 Liter kochendes Wasser gießt man über 1–3 Eßlöffel zerkleinerte Blutwurzeln, 15 Minuten ziehen lassen. Blutwurzwein: 70 g zerkleinerte Wurzeln in 1 Liter Rotwein 8 Tage ziehen lassen, abseihen, abfüllen. Absud bei Hämorrhoiden: 50 g Wurzeln in 1 Liter Wasser 12 Minuten kochen, 5 Minuten ziehen lassen.

Volksmedizinische Anwendung: Äußerlich und innerlich! 3 Tassen pro Tag, Tee auch als Gurgelmittel verwendbar. Tinktur als Gurgelmittel und zur Blutstillung. Blutwurzwein bei Durchfall: Täglich 3 Gläschen vor den Mahlzeiten. Absud bei Hämorrhoiden.

Vorsicht: Dosierung beachten, keine Gefäße aus Eisen verwenden!

Wiesenbocksbart

Tragopogon pratensis

Familie: Korbblütler, Asteraceae.

Stengel: 25–80 cm hoch, aufrecht, wenig verästelt, beblättert, rund, grün-braun, kahl, hohl, Milchsaft führend.

Blätter: Wechselständig, scheidig-herablaufend, schmal-lineal bis grasähnlich, spitz, sattgrün, ganzrandig, die oberen stengelumfassend und sehr schmal-lanzettlich.

Blüten: Endständig, einzeln, Blütenköpfe 30–50 mm Durchmesser, nur Zungenblüten, lineal, vorne gerade, fein gezähnt, dunkel-gelb. Hüllblätter schmal, lang, spitz, strahlig, ausgebreitet, einreihig, am Grund verwachsen.

Blütezeit: Mai bis Juli.

Standort: Bis 2200 m, auf nährstoffreichen, lehmigen Böden, Feldern, Wiesen, Rainen, Weiden, Auen, Wald- und Gebüschrand, Matten. Häufig!

Verbreitung: Alpen, Pyrenäen, Apennin.

Wirksame Pflanzenteile: Wurzel, Saft, Blätter.

Sammelzeit: Mai bis Juni.

Aufbewahrung: Wurzeln waschen, zerkleinern, schattig trocknen, Saft frisch verwenden.

Inhaltsstoffe: Kohlehydrate, Inulin, Lipide.

Medizinische Eigenschaften: Harntreibend, blutreinigend, schweißtreibend, gegen Rheuma.

Zubereitung: Absud: 24 g Wurzeln in 1 Liter Wasser 20 Minuten kochen lassen. Saft: Aus Wurzeln und Blättern auspressen, frisch verwenden!

Volksmedizinische Anwendung: Innerlich und äußerlich. Aufguß zur inneren Anwendung: Täglich drei Tassen trinken. Saft zur Warzenbehandlung: Frischen Saft mehrmals täglich auftragen.

Echte Edelraute

Artemisia mutellina

Familie: Korbblütengewächse, Compositae.

Stengel: 8–25 cm hoch, aufrecht oder aufsteigend, schwach beblättert, seidig behaart, dünn, rotbraun bis graugrün, mehrere aus einem Stock, Halbrosettenstaude.

Blätter: Gestielt, fiederteilig, bis fünf fingerartige Einzelblättchen, seidig behaart, silberglänzend, intensiver Wermutgeruch!

Blüten: Köpfchen kugelig, aufrecht in Rispen oder Ähren, goldgelb. Hüllblättchen silberglänzend, filzig, Blütendurchmesser 4–6 mm.

Blütezeit: Juli bis September.

Standort: 1700–3600 m, kleinste Felsspältchen, sonnige, trockene Felswände, oftmals so extrem wie das Edelweiß. Nicht selten gesellig mit Steinnelke und Edelweiß. Selten!

Verbreitung: Alpen, Pyrenäen, Nord-Apennin; gänzlich geschützt!

Wirksame Pflanzenteile: Wurzeln, blühende Pflanzenteile.

Sammelzeit: Juli bis September.

Aufbewahrung: Bei warmem Wetter sammeln, rasch, schattig trocknen.

Inhaltsstoffe: Ätherisches Öl, Bitterstoff.

Medizinische Eigenschaften: Appetitanregend, wundheilend, schweißtreibend, Menstruation regulierend.

Zubereitung: Aufguß: 18 g Pflanzenteile in 1 Liter kochendem Wasser 15 Minuten ziehen lassen.

Volksmedizinische Anwendung: Innerlich und äußerlich. Aufguß zur Stärkung des Gesamtorganismus: Täglich 1 Tasse. Zur Appetitsteigerung täglich 3 Tassen vor den Mahlzeiten.

Vorsicht: Dosierung beachten!

Gelber Enzian

Gentiana lutea

Familie: Enziangewächse, Gentianaceae.

Stengel: 30–130 cm hoch, aufrecht, kräftig, rund, hohl, grün, beblättert.

Blätter: Gegenständig, eiförmig, breit, spitz, sehr groß, parallelnervig, grün, zum Stengelende merklich kleiner.

Blüten: Bis zu zehn Einzelblüten in Scheinquirlen endständig und aus den Blattachseln. Kronblätter tief geteilt, lang-lanzettlich, goldgelb, kurz gestielt.

Blütezeit: Juli bis August.

Standort: 1100–2500 m, vorwiegend auf kalkhaltigen Böden, Bergwiesen, bewachsenen Geröllhalden, Weiden, Almen, Hängen und Matten.

Verbreitung: Alpen, Apennin. Geschützt!

Wirksame Pflanzenteile: Wurzeln.

Sammelzeit: September bis November.

Aufbewahrung: Wurzeln waschen, in kleine Stückchen schneiden, schattig trocknen.

Inhaltsstoffe: Bitterstoffglykoside, Gerbstoffe, Schleim, Vitamin C, Alkaloide, Farbstoffe.

Medizinische Eigenschaften: Fiebersenkend, appetitanregend, tonisch, wurmtreibend, Magen- und Darmbeschwerden lindernd.

Zubereitung: Absud: 24 g zerkleinerte Wurzeln in 1 Liter Wasser 3 Minuten kochen und 10 Stunden ziehen lassen. Enziantee: 1 Teelöffel Enzianwurzel mit 0,25 Liter kochendem Wasser übergießen und 5 Minuten kochen lassen.

Volksmedizinische Anwendung: Innerlich. Gegen Würmer bei Erwachsenen: Drei Monate lang an 3 Tagen der Woche morgens eine Tasse Enziantee nüchtern trinken. Tee bei Appetitlosigkeit: Vor den Mahlzeiten 1 Tasse mäßig warm trinken.

Vorsicht: Anwendungsdauer und Dosierung beachten!

Punktierter Enzian

Gentiana punktata

Familie: Enziengewächse, Gentianaceae.

Stengel: 25–60 cm hoch, aufrecht, rund, kräftig, grün-gelb, beblättert.

Blätter: Gegenständig, gestielt, eiförmig-elliptisch, spitz, sehr groß, parallelnervig, grün. Die oberen Stengelblätter mehr lanzettlich, sitzend.

Blüten: Endständig und in den oberen Blattachseln, kopfig gehäuft, aufrecht. Einzelblüte groß, glockig, fünf bis sieben Blütenzipfel, spitz, trüb-blaßgelb, grau-braun punktiert. Kelchblättchen anliegend, glockig, grün.

Blütezeit: Juli bis September.

Standort: 1500–2800 m, auf Kalk- und Silikatböden, Bergwiesen, Almen, steinigen Matten, Lägerstellen, alpinen Rasen. Ziemlich häufig!

Verbreitung: Alpen. Geschützt!

Wirksame Pflanzenteile: Wurzeln.

Sammelzeit: August bis November.

Aufbewahrung: Wurzeln waschen, zerkleinern und trocknen.

Inhaltsstoffe: Bitterstoffglykoside, Amarogetin, Gentiopiktin, Gerbstoffe, Farbstoffe.

Medizinische Eigenschaften: Fiebersenkend, appetitanregend, tonisch, lindert Magen- und Darmbeschwerden.

Zubereitung: Tee: 1 Teelöffel Enzianwurzel zerkleinert mit 0,25 Liter Wasser übergießen und 5 Minuten kochen lassen. Absud: 24 g Wurzeln in 1 Liter Wasser 3 Minuten kochen und 10 Stunden ziehen lassen.

Volksmedizinische Anwendung: Innerlich. Bei Appetitlosigkeit: 1 Tasse Tee, mäßig warm, vor den Mahlzeiten trinken.

Vorsicht: Anwendungsdauer und Dosierung beachten.

Engelwurz

Angelica archangelica

Familie: Doldenblütler, Umbelliferae.

Stengel: 0,8–2,4 m hoch, sehr kräftig, rund, hohl, oben ästig, grün-rotbraun, seltener violett.

Blätter: Wechselständig, gestielt, zwei- bis dreifach gefiedert, Einzelblättchen lanzettlich, gesägt, grün. Blattstengel am Grunde scheidig, teilweise aus den Scheidenspitzen austretend. Scheiden bauchig aufgetrieben.

Blüten: In zusammengesetzten Dolden an langen Stielen, grün-gelb, sehr groß, einzelne kleine Dolden kugelig, Kronblättchen mit eingekrümmter Spitze, bis 30 Strahlen.

Blütezeit: Juli bis August.

Standort: 800 bis 2800 m, auf Kalk- und Silikatgestein, Waldrand, Auen, feuchte halbschattige Wiesen, Schluchten, Hochstaudenfluren, Lichtungen, Gebüsche, Bergwiesen, Blockfluren. Zerstreut, gebietsweise völlig fehlend.

Verbreitung: Alpen, Norwegen, fast ganz Mitteleuropa.

Wirksame Pflanzenteile: Wurzel, Stengel, Blätter, Früchte.

Sammelzeit: Wurzel im Herbst, Stengel und Früchte im Juli bis August, Blätter im Juni bis Juli.

Aufbewahrung: Wurzeln waschen, Stengel, Blätter und Früchte schattig trocknen.

Inhaltsstoffe: Ätherisches Öl, organische Säuren, Gerbstoffe, Harz, Wachs, Kohlehydrate.

Medizinische Eigenschaften: Appetitanregend, antiseptisch, schweißtreibend, verdauungsfördernd, gegen Asthma, zur Rekonvaleszenz.

Zubereitung: Aufguß: 54 g Samen in 1 Liter kochendem Wasser 15 Minuten ziehen lassen. Likör: 42 g frische zerstückelte Stengel in 1 Liter 30prozentigem Alkohol 6 Tage ziehen lassen; mit 1 Liter Wasser und 0,5 kg Zucker nochmals 7 Tage kühl stellen, filtrieren und abfüllen.

Volksmedizinische Anwendung: Innerlich und äußerlich. Tee mit Honig: 1 Tasse vor den beiden Hauptmahlzeiten zur Appetitanregung oder 1 Gläschen Likör vor den beiden Hauptmahlzeiten. Gegen Asthma: Eine Tasse Tee dreimal täglich. Gegen Hautgeschwüre: Breiumschläge aus zerstoßenen Blättern.

Vorsicht: Bei der Handhabung ist Achtsamkeit angebracht, denn ein Bestandteil ruft bei Sonnenbestrahlung auf der menschlichen Haut Ausschläge hervor!

Kriechendes Fingerkraut

Potentilla reptans

Familie: Rosengewächse, Rosaceae.

Stengel: 25–85 cm lang, kriechend bis aufsteigend, an den Knoten wurzelnd mit neuen Sproßen; zart, rund, grün bis braun.

Blätter: Lang gestielt aus den Knoten, 5 zählig gefingert, keilförmig bis verkehrt eiförmig, gekerbt bis gesägt, wenig behaart, grün.

Blüten: In langen Stengeln endständig, einzeln, bis 25 mm breit. Fünf Kronblättchen, verkehrt herzförmig, goldgelb. Zahlreiche Staubblättchen ebenfalls gelb. Kelchblättchen lanzettlich, spitz, grün, strahlig.

Blütezeit: Mai bis August.

Standort: 800–1700 m, auf stickstoffhaltigen Böden, steinigen Weiden, Bergwiesen, Almen, feuchten Wiesen, Wegrainen, Schuttplätzen, Weinbergen. Ziemlich häufig!

Verbreitung: Alpen, Apennin, Pyrenäen.

Wirksame Pflanzenteile: Wurzelstock, Blätter.

Sammelzeit: September bis November.

Aufbewahrung: Wurzeln reinigen, zerkleinern und im Schatten trocknen.

Inhaltsstoffe: Gerbstoffe, Formentosid.

Medizinische Eigenschaften: Blutreinigend, fiebersenkend, adstringierend.

Zubereitung: Wein: 70 g getrocknete, zerriebene Wurzeln in 1 Liter Rotwein 8 Tage lang ziehen lassen, abseihen. Absud: 30 g getrocknete Wurzeln in 1 Liter Wasser 10 Minuten kochen lassen. Aufguß: 18 g getrocknete Blätter mit 1 Liter kochendem Wasser übergießen, 15 Minuten ruhen lassen. Umschlagbrei: 30 g getrocknete, pulverisierte Wurzeln und ein rohes Ei vermischen.

Volksmedizinische Anwendung: Innerlich und äußerlich. Wein gegen Durchfall: Täglich drei Likörgläschen voll. Absud bei Fieber: Täglich 3 Tassen. Absud zur Waschung von Wunden. Aufguß als Gurgelwasser bei Entzündungen der Mundschleimhaut. Breiumschlag bei Nagelentzündungen mittels Tuch auflegen.

Vorsicht: Sorgfältig damit umgehen und bei der Aufbewahrung keine Behältnisse aus Eisen verwenden!

Gänsefingerkraut

Potentilla anserina

Familie: Rosengewächse, Rosaceae.

Stengel: 15–40 cm lang, rankenartig, kriechend oder aufsteigend, beblättert, rund, rotgrün, mehrere Sprosse, an den Knoten wurzelnd.

Blätter: Grundständige Rosette, unpaarig gefiedert, acht- bis zwölfpaarig. Einzelblättchen länglich-oval, stark gezähnt, oberseits grün, unterseits silberhaarig.

Blüten: Langgestielt, einzeln, 15–25 mm Durchmesser, flach ausgebreitet. Fünf Kronblätter, verkehrt eiförmig bis rundlich, goldgelb. Ca. zwanzig Staubblätter weit aus der Blüte ragend; fünf Kelchblättchen.

Blütezeit: Mai bis August.

Standort: Bis 1300 m, auf lehmigen, dichten Böden, an Wegrändern, auf Bergwiesen, Blockhalden, Böschungen. Häufig! Gesellig.

Verbreitung: Alpen, fast ganz Mitteleuropa.

Wirksame Pflanzenteile: Blätter, Blüten, Wurzelstock.

Sammelzeit: Zur Blütezeit, Juni bis September.

Aufbewahrung: Pflanzenteile rasch und schattig trocknen. Wurzelstock waschen, zerkleinern, rasch, gut durchlüftet trocknen.

Inhaltsstoffe: Gerbstoffe, Flavonoide, Cholin, Pseudosaponine, Harz, Stärke.

Medizinische Eigenschaften: Adstringierend, krampflösend, magenwirksam, wirksam bei Koliken, Asthma und Keuchhusten.

Zubereitung: Absud: 18 g Blüten und Blätter in 1 Liter Wasser 15 Minuten kochen lassen, filtrieren, abfüllen. Weinansatz: 75 g Wurzeln des Gänsefingerkrautes, des kriechenden Fingerkrautes und Blutwurz in 1 Liter Rotwein 10 Tage lang ziehen lassen, filtrieren, abfüllen. Aufguß: 30 g Blüten und Blätter in 1 Liter kochendem Wasser 10 Minuten ziehen lassen. Absud bei Magenschmerzen: 25 g getrocknete Blätter in 1 Liter Wasser, ½ Minute kochen und 12 Minuten ziehen lassen. Absud: 25 g Wurzeln in 1 Liter Wasser 10 Minuten kochen.

Volksmedizinische Anwendung: Innerlich und äußerlich. Absud bei Gebärmutterblutung: Täglich 3 Tassen trinken. Gänsefingerkrautwein: Täglich 3 kleine Gläschen. Aufguß bei Erkrankung der Lunge: Täglich 2 Tassen trinken. Absud bei krampfhaften Magenschmerzen: Täglich 3 Tassen zwischen den Mahlzeiten. Aufguß bei Menstruationsbeschwerden: Täglich 2 Tassen, 1 Woche vor Eintritt der Regel beginnen. Absud zur Waschung offener Wunden. Tee gegen Asthma und Koliken: 18 g der Pflanze mit 1 Liter kochendem Wasser überbrühen, 5 Minuten ziehen lassen, täglich 3 Tassen.

Vorsicht: Sorgfältig damit umgehen, keine Behältnisse aus Eisen verwenden!

Gemeiner Frauenmantel

Alchemilla vulgaris

Familie: Rosengewächse, Rosaceae.

Stengel: 8–35 cm hoch, rund, unten gefurcht, zart, grün, beblättert, ästig.

Blätter: Unten gestielt, rundlich-nierenförmig, sieben bis elflappig, grün, gezähnt, die oberen sitzend mit Nebenblättchen, netznervig.

Blüten: In kleinen endständigen Rispen, Einzelblütchen sehr klein, bestehen nur aus Kelchblättchen, vier Staubblättchen, 1 Griffel, grün-gelb.

Blütezeit: Mai bis Oktober.

Standort: Bis 2500 m, auf Kalk- und Silikatgestein. Bergwiesen, Blockfluren, Weiden, an Steinblöcken, Uferbereiche, Gräben, Quellbereiche. Häufig! Meistens in dichten Rudeln!

Verbreitung: Alpen, Apennin, Pyrenäen.

Bemerkung: Der Name Frauenmantel bezieht sich auf die Blattform, die einem Überwurf (Frauenmantel) ähnlich ist.

Wirksame Pflanzenteile: Ganze Pflanze ohne Wurzel.

Sammelzeit: Juni bis September.

Aufbewahrung: Ganze Pflanze oder Blätter alleine, gut durchlüftet rasch im Schatten trocknen; Blätter auch frisch verwenden.

Inhaltsstoffe: Fettsubstanzen, Gerbstoffe, Harze, organische Säuren, Kohlenhydrate, Saponin.

Medizinische Eigenschaften: Adstringierend, entzündungshemmend, magenwirksam, narbenbildend, sedativ, wundheilend, Menstruationsbeschwerden mildernd.

Zubereitung: Absud: 95 g Pflanzen in 1 Liter Wasser 2 Minuten kochen und 10 Minuten ziehen lassen. Absud bei Arteriosklerose: 38 g getrocknete Blätter in 1 Liter Wasser 10 Minuten kochen, 10 Minuten ziehen lassen. Aufguß: 145 g der Pflanze in 1 Liter kochendem Wasser 10 Minuten ziehen lassen. Aufguß bei Blähungen: 35 g Pflanzen in 1 Liter kochendem Wasser 10 Minuten ziehen lassen. Frauenmantelwein: 38 g der Pflanze in 1 Liter kochendem Rotwein 10 Minuten ziehen lassen.

Volksmedizinische Anwendung: Innerlich und äußerlich: Absud als Gurgelwasser bei Angina: Täglich 1 Liter anwenden. Absud bei Arteriosklerose: Täglich 3 Tassen zwischen den Mahlzeiten. Aufguß für Augenbad bei Bindehautentzündung: Täglich einmalig anwenden. Aufguß gegen Blähungen: Täglich 3 Tassen nach den Mahlzeiten auch anwendbar bei Diabetes. Frauenmantelwein gegen Durchfall: Täglich 1 Glas trinken. Aufguß gegen Fettleibigkeit: Täglich 3 Tassen trinken. Frische zerkleinerte Blätter zum Auflegen bei Quetschungen. Absud bei Weißfluß: Täglich 1 Tasse vor dem Schlafengehen.

Gemeiner Gilbweiderich

Lysimachia vulgaris

Familie: Primelgewächse, Primulaceae.

Stengel: 40–120 cm hoch, aufrecht, schwach kantig, stark, grün, schwach behaart, beblättert.

Blätter: Gegenständig oder 3 bis 4 quirlständig, sitzend, breit eiförmig, spitz, ganzrandig, grün.

Blüten: In langer, endständiger Rispe, teilweise blattachselständig. Blüten 1,5–2,0 cm breit, fünf Blütenblätter, eiförmig, goldgelb; fünf Kelchblättchen, anliegend, schmal-lanzettlich; die kleinen blattachselständigen Trauben langgestielt, aufrecht; fünf Staubblättchen, gelb.

Blütezeit: Juni bis September.

Standort: Bis 1600 m auf Kalk- und Silikatböden. Flachmoore, nasse Lichtungen, Uferbereiche , feuchte Weiden, Gebüsch- und Waldrand. Zerstreut, örtlich größere Bestände.

Verbreitung: Alpen, mittleres Europa.

Wirksame Pflanzenteile: Blätter, Blüten.

Sammelzeit: Juni bis August.

Aufbewahrung: Gut durchlüftet, schattig trocknen.

Inhaltsstoffe: Glykoside, Gerbstoff, Enzym, Saponin, Vitamin C.

Medizinische Eigenschaften: Adstringierend, wundheilend.

Zubereitung: Aufguß: 30 g Blätter und Blüten in 1 Liter kochendem Wasser 10 Minuten ziehen lassen. Absud als Gurgelwasser: 30 g getrocknete Blüten und Blätter in 1 Liter Wasser 5 Minuten kochen lassen. Absud bei Weißfluß: 50 g getrocknete Blätter und Blüten in 1 Liter Wasser 10 Minuten kochen lassen.

Volksmedizinische Anwendung: Innerlich und äußerlich. Aufguß bei Gebärmutterblutung: Täglich 3 Tassen trinken, bei Durchfall täglich 2 Tassen trinken. Absud bei Aphthen in der Mundschleimhaut: Täglich mehrmals gurgeln. Absud zur Spülung der Scheide bei Weißfluß: Täglich einmal lauwarm anwenden.

Echte Goldrute

Solidago virgaurea

Familie: Korbblütengewächse, Compositae.

Stengel: 15–60 cm hoch, aufrecht, dunkelgrün, beblättert, oberseits verzweigt.

Blätter: Wechselständig, untere elliptisch, gesägt, gestielt; mittlere Blätter sitzend, herablaufend, lanzettlich.

Blüten: In Traube oder Rispe. Zahlreiche kleine Körbchen 7–8 mm Durchmesser, goldgelb; außen Zungenblüten, innen Röhrenblüten.

Blütezeit: Juli bis Oktober.

Standort: 800–2400 m, kalkhaltige, trockene Böden, Bergwiesen, überwachsene Steinhalden, steinige Almen und Abhänge, Kahlschläge, Lichtungen und Waldränder. Ziemlich häufig!

Verbreitung: Alpen, Apennin, Pyrenäen, Norwegen.

Wirksame Pflanzenteile: Blühende Sproßspitzen, Blätter, Stengel.

Sammelzeit: Juni bis Oktober.

Aufbewahrung: Blühende Sproßspitzen und Blätter rasch, schattig und gut durchlüftet trocknen; für einige Anwendungen pulverisieren, gut verschlossen halten.

Inhaltsstoffe: Ätherisches Öl, Flavonoid, Gerbstoff, Saponine, Oxalsäure, Zitronensäure.

Medizinische Eigenschaften: Adstringierend, Auswurf fördernd, entzündungshemmend, harntreibend, wundheilend.

Zubereitung: Auszug: ½ Teelöffel pulverisierte Pflanzenteile in einem Glas Weißwein 10 Stunden ziehen lassen, filtrieren. Absud: 25 g getrocknete blühende Sproßspitzen in 1 Liter Wasser 3 Minuten kochen, 10 Minuten ziehen lassen (Menge für 2 Tage). Absud bei Ekzem: 35 g blühende Sproßspitzen in 1 Liter Wasser 5 Minuten kochen und 10 Minuten ziehen lassen. Breiumschlag: Blüten und Blätter 5 Minuten kochen, mittels Tuch auflegen.

Volksmedizinische Anwendung: Innerlich und äußerlich. Auszug bei Albuminurie: Täglich 1 Glas trinken. Auszug gegen Blasenentzündung: 2 Wochen lang täglich morgens 1 Glas trinken. Absud bei zu viel Cholesterin im Blut: Täglich 3 Tassen trinken. Absud bei Ekzem oder zu hohem Harnstoff im Blut: Täglich 2 Tassen trinken. Breiumschlag bei Hautgeschwüren: Zweimal täglich erneuern. Absud bei Ödemen: 3 Wochen lang täglich 3 Tassen trinken.

Kleines Habichtskraut

Hieracium pilosella

Familie: Zungenblütler, Cichoriaceae.

Stengel: 8–25 cm hoch, aufrecht, einzeln, zart, grün, behaart, blattlos.

Blätter: Rosettig, eiförmig, graufilzig, mit Ausläufern, etwas blaugrün.

Blüten: Endständig, einzelne Körbchen, nur Zungenblütchen, hellgelb, unterseits gestreift, Blütendurchmesser 1,5–3 cm. Kelch grün, gestreift, behaart.

Blütezeit: Mai bis September.

Standort: 1000–3000 m, auf steinigen, trockenen Böden, Felsschutt, mageren Matten, Geröllhalden, Bergwiesen, Weiden. Ziemlich häufig!

Verbreitung: Alpen, Pyrenäen, Südapennin; eurosibirische Pflanze.

Wirksame Pflanzenteile: Ganze Pflanze mit Wurzel, Saft frisch.

Sammelzeit: Juni bis Oktober.

Aufbewahrung: Wurzeln waschen und wie die übrigen Pflanzenteile frisch verwenden.

Inhaltsstoffe: Cumarine, Flavonoide, Gerbstoff, Harz, Mangan, Schleimstoffe.

Medizinische Eigenschaften: Adstringierend, antiseptisch, gallentreibend, harntreibend.

Zubereitung: Aufguß: 95 g der frischen Pflanze in 1 Liter kochendem Wasser 20 Minuten ziehen lassen. Aufguß bei Cellulitis: 55 g der frischen Pflanze in 1 Liter kochendem Wasser 8 Minuten ziehen lassen. Aufguß bei zu geringer Nierentätigkeit: 75 g der frischen Pflanze in 1 Liter kochendem Wasser 10 Minuten ziehen lassen. Aufguß zur Harntreibung: 95 g der frischen Pflanze in 1 Liter kochendem Wasser 12 Minuten ziehen lassen.

Volksmedizinische Anwendung: Innerlich und äußerlich. Aufguß bei Albuminurie: Täglich 3 Tassen zwischen den Mahlzeiten, auch zur Linderung bei arteriellem Bluthochdruck anwendbar. Aufguß bei Cellulitis: Täglich 2 Tassen. Die gleiche Menge ist zur Beruhigung der Nerven, ebenso bei Durchfall anwendbar. Aufguß bei zu hohem Harnstoff im Blut: Täglich 3 Tassen trinken. Die gleiche Menge ist auch bei Ödem und zur Rekonvaleszenz anwendbar. Aufguß zur Harntreibung: 1 Tasse trinken.

Gemeiner Hohlzahn

Galeopsis tetrahit

Familie: Lippenblütler, Labiatae.

Stengel: 30–70 cm hoch, aufrecht, stark, vierkantig, steifhaarig, beblättert, grünbräunlich.

Blätter: Kreuzgegenständig, ei-lanzettlich, 6–10 cm lang, gestielt, grob gezähnt, gekerbt, stark geadert, dunkelgrün, behaart, spitz.

Blüten: Scheinquirlig aus den Achseln der oberen Blätter, Krone 15–20 mm lang, schräg aufrecht stehend, gebogen, Unterlippe breit, vorne gezähnt, weiß oder rosa, am Grunde ein aufrechter Zahn, Kronröhre kürzer als der Kelch, Quirle lang, steifhaarig.

Blütezeit: Juni bis Oktober.

Standort: Bis 1300 m, auf kalkhaltigen, nährstoffreichen Böden, Schuttstellen, Böschungen, Äckern, Gebüsch, Waldrand, Lägerstellen, Futterstände. Häufig! Gesellig.

Verbreitung: Alpen, fast ganz Europa.

Wirksame Pflanzenteile: Blühende Pflanze ohne Wurzel.

Sammelzeit: Juni bis Oktober.

Aufbewahrung: Pflanzen gut durchlüftet, rasch, schattig trocknen.

Inhaltsstoffe: Gerbstoff, Kieselsäure, Saponine, Harz, Bitterstoff.

Medizinische Eigenschaften: Adstringierend, Auswurf fördernd, hilft bei Blutarmut und Schwächen des Darmbereiches.

Zubereitung: Absud: 12 g der blühenden, frischen Pflanze in 1 Liter Wasser 5 Minuten kochen, 15 Minuten ziehen lassen, abseihen. Absud bei Bronchitis: 18 g der getrockneten Pflanze in 1 Liter Wasser 12 Minuten kochen lassen.

Volksmedizinische Anwendung: Innerlich. Absud bei Anämie: Täglich 3 Tassen trinken. Absud bei Bronchitis: Täglich 2 Tassen trinken.

Wiesenhornklee

Lotus corniculatus

Familie: Schmetterlingsblütler, Fabaceae.

Stengel: 10–35 cm lang, bogig aufsteigend, zart, rund, röhrig, beblättert, grün, ästig.

Blätter: Wechselständig, fünfzählig, kurz gestielt, verkehrt eiförmig oder lanzettlich, ganzrandig, spitz, grün, unteres Blattpaar sitzend.

Blüten: In langgestielten Dolden, kopfig angehäuft. Einzelblüte 8–12 mm lang, Schiffchen rechtwinkelig abstehend, gelb. Schiffchenspitze, seltener ganze Blüte, rötlich überlaufen. Kelch röhrig-glockig, fünfteilig, dreiteiliges Hüllblatt, lanzettlich, grün.

Blütezeit: Mai bis August.

Standort: Bis 1600 m, bevorzugt kalkhaltige, lockere Lehmböden, Wiesen, Weiden, Magerrasen. Häufig!

Verbreitung: Alpen, Apennin, fast ganz Europa.

Wirksame Pflanzenteile: Blüten und Pflanze frisch oder getrocknet.

Sammelzeit: Pflanzen von Juni bis August; Blüten von Mai bis August.

Aufbewahrung: Blüten luftig, rasch trocknen.

Inhaltsstoffe: Flavonoide, ätherisches Öl, fettes Öl, Schleim.

Medizinische Eigenschaften: Beruhigend, krampflösend, gegen Blähungen, erweichend.

Zubereitung: Aufguß: 35 g getrocknete Blüten in 1 Liter kochendem Wasser 10 Minuten ziehen lassen, abseihen. Aufguß bei Herzklopfen: 28 g Hornkleeblüten und 10 g Blüten vom Orangenbaum in 1 Liter siedendem Wasser 10 Minuten ziehen lassen, abseihen. Aufguß bei Schlafstörungen: 75 g frische Pflanzen in 1 Liter siedendem Wasser 10 Minuten ziehen lassen.

Volksmedizinische Anwendung: Innerlich. Aufguß gegen Angstzustände und Nervosität: 10 Tage lang täglich 2 Tassen nach den Hauptmahlzeiten. Aufguß zur Beruhigung bei Herzklopfen: 1 Tasse trinken. Aufguß zur Abhilfe bei Schlaflosigkeit: 1 Tasse vor dem Schlafengehen trinken.

Huflattich

Tussilago farfara

Familie: Korbblütler, Asteraceae.

Stengel: 5–25 cm hoch, aufrecht oder bogig aufsteigend, dicht mit rötlichbraunen Schuppenblättern besetzt.

Blätter: Grundständig, gestielt, herzförmig-rundlich, hufförmig, gezähnt, grün, unterseits graufilzig, Blattstiel oben rinnig. Blätter erscheinen meist erst nach der Blüte oder gegen Ende der Blütezeit!

Blüten: Einzelne, endständige; Körbchen mit Zungenblüten außen und Röhrenblüten innen, 20–35 mm Durchmesser, goldgelb, nachts und bei schlechtem Wetter nickend. Zungenblüten sehr schmal und strahlig ausgebreitet.

Blütezeit: März bis August.

Standort: Bis 2400 m, vorwiegend auf unbewachsenen Böden, Bachufern, Dämmen, Böschungen, Verlandungsgebieten, Sandbänken, Lägerstellen, Geröllhalden, Weiden. Häufig! Gesellig.

Verbreitung: Alpen, Pyrenäen, Apennin, Norwegen, fast ganz Europa.

Wirksame Pflanzenteile: Blütenköpfchen, Blätter, Wurzeln, Saft. Saft frisch verwenden!

Sammelzeit: März bis Juni, Blätter von April bis Juni, Wurzeln im Frühling oder Herbst.

Aufbewahrung: Wurzeln waschen, wie Blütenköpfchen und Blätter rasch, schattig trocknen.

Inhaltsstoffe: Gallensäure, Gerbstoff, Inulin, Mineralsalze, Schleimstoffe, Xantophyl.

Medizinische Eigenschaften: Auswurf fördernd, blutreinigend, erweichend, schweißtreibend, sedativ.

Zubereitung: Aufguß einer Teemischung bei Bronchitis: 6 g folgender Pflanzen: Frauenhaarfarnblätter, Klatschmohnblüten, Ysop, Gundermann, Waldehrenpreis und Huflattich in 1 Liter kochendem Wasser 12 Minuten ziehen lassen. Huflattichbad: 90 g getrocknete Blätter in 1 Liter Wasser 10 Minuten kochen lassen, abseihen. Aufguß: 45 g Blüten in 1 Liter kochendem Wasser 10 Minuten ziehen lassen. Huflattichblätter und Saft für Kompressen: Frische Blätter zerstoßen und mit Saft verwenden.

Volksmedizinische Anwendung: Innerlich und äußerlich. Breiumschlag zur Reifung und Schmerzlinderung bei Abszeß: Frische, zerstoßene Blätter auflegen. Aufguß bei Bronchitis: Täglich 3 Tassen trinken. Huflattichbad gegen Schweißfüße. Aufguß gegen fettige Haut: Täglich mehrmals reinigen. Aufguß zur Auswurfförderung bei Husten und bei Luftröhrenentzündung: Täglich 3 Tassen trinken. Frische Huflattichblätter für Kompressen bei Verstauchungen.

Vorsicht: Dosierung beachten!

Isländisch Moos

Cetraria islandica

Familie: Flechtengewächse, Parmeliaceae.
Das Isländische Moos ist eine Flechte (Lebensgemeinschaft zwischen Algen und Pilzen). Hauptanteil sind Pilze mit eingelagerten Algen als Einzelzellen, Flechtenkörper verzweigt, 4–16 cm hoch, aufgerichtet, strauchig, geweihartig gelappt, Rand gewellt oder eingerandet, fein gezähnt, oberseits olivfarben bis dunkelbraun, unterseits hell-, oliv- bis graugrün, mit weißen Flecken, im feuchten Zustand weich-lederig, nach Schwamm riechend, trocken hingegen graugrün, knorpelig, brüchig.

Standort: Bis 2600 m, in Gebieten mit hoher Luftfeuchtigkeit. Moore, magere Bergwiesen, Almen, bewachsene Grate, feuchte Weiden, lichte Nadelwälder, Heiden, Heidekrautfluren. Zerstreut!

Verbreitung: Alpen, ganz Europa, im Norden bis zur Arktis, im Süden nur im Gebirge, Nordasien, Nordamerika.

Wirksame Pflanzenteile: Ganze Pflanze.

Sammelzeit: Zu jeder Jahreszeit!

Aufbewahrung: Pflanze rasch schattig trocknen.

Inhaltsstoffe: Bitterstoffe, Schleim, Stärke, Protocetrarsäure, Protolicheninsäure, Fumarsäure, Cetrarin, Stickstoff, Mineralstoffe.

Medizinische Eigenschaften: Antiseptisch, appetitanregend, erweichend, krampflösend, tonisierend, schleimlösend, hustenmildernd, stoffwechselfördernd.

Zubereitung: Absud: 18 g in 1 Liter Wasser 3 Minuten kochen lassen. Absud bei Husten: 24 g der Pflanze in 1 Liter Wasser 3 Stunden ziehen lassen, das Wasser 3mal wechseln, dann 5 Minuten kochen lassen, nochmals Wasser wechseln und 12 Minuten kochen lassen, abseihen. Aufguß: 12 g der Pflanze in 1 Liter Wasser 15 Minuten mäßig warm ziehen lassen.

Volksmedizinische Anwendung: Innerlich. Absud bei Übelkeit: Täglich 1 Tasse nach Bedarf. Absud zur Auswurfförderung bei krampfhaftem Husten, Erkrankung der Atemwege, Bronchitis: Täglich 3 Tassen zwischen den Mahlzeiten. Absud bei Müdigkeit und Erschöpfungszuständen: Mehrmals in geringen Mengen mit den Speisen einnehmen. Aufguß zur Anregung der Magensaftsekretion: Täglich 1 Tasse.

Vorsicht: Anwendung unter ärztlicher Aufsicht ist zu empfehlen!

Echtes Johanniskraut

Hypericum perforatum

Familie: Johanniskrautgewächse, Hypericaceae.

Stengel: 20–100 cm hoch, aufrecht, ästig, stark, zweikantig, beblättert, grün.

Blätter: Gegenständig, sitzend, länglich-eiförmig, ganzrandig, dicht durchscheinend perforiert, grün.

Blüten: In endständiger, lockerer Doldenrispe. Krone 20–25 mm Durchmesser, fünf schief-eiförmige Kronblätter, goldgelb. Zahlreiche Staubblätter, hervorstehend, gleichfärbig. Fünf Kelchblätter lanzettlich, spitz, grün. Kronblätter klein, schwarz gepunktet.

Blütezeit: Mai bis August.

Standort: Bis 1500 m, hinsichtlich Bodenbeschaffenheit anspruchslos. Warme, feuchte Wiesen, Mischwälder, Waldlichtungen, Gebüschränder, Böschungen, Raine. Häufig! Gesellig, örtlich große Bestände.

Verbreitung: Alpen, Pyrenäen, fast ganz Europa.

Wirksame Pflanzenteile: Blätter, blühende Sproßspitzen.

Sammelzeit: Mai bis August.

Aufbewahrung: In Bündeln schattig trocknen. Tüpfeljohanniskrautöl verschlossen, dunkel aufbewahren.

Inhaltsstoffe: Ätherisches Öl, Cholin, Flavonoide, Gerbstoff, Gykosid, roter Farbstoff, Fette, Pektin, Pentosane, Palmotin, Miritinsäure, Mineralstoffe.

Medizinische Eigenschaften: Adstringierend, antiseptisch, harntreibend, narbenbildend, sedativ, wundheilend, wurmtreibend.

Zubereitung: Aufguß: 25 g blühende Sproßspitzen in 1 Liter kochendem Wasser 10 Minuten ziehen lassen. Absud: 8 g blühende Sproßspitzen in ¼ Liter Wasser kochen lassen. Johanneskrautöl: 450 g Blüten mit 1 Liter Olivenöl und ½ Liter Weißwein mischen, im Wasserbad bis zur Verdunstung des Weines kochen, kalt auspressen, abseihen, abfüllen. Tüpfeljohanniskrautöl bei Verbrennungen: 200 g Sproßspitzen in ½ Liter Olivenöl, 3 Stunden kochen, erkalten lassen, filtrieren und abfüllen.

Volksmedizinische Anwendung: Innerlich und äußerlich. Aufguß bei Blasenentzündung: Täglich 3 Tassen vor den Mahlzeiten. Absud gegen Darmparasiten: Nüchtern morgens 1 Tasse trinken. Tüpfeljohanniskrautöl bei Hautgeschwüren: Täglich mehrmals waschen. Kompressen getränkt in Tüpfeljohanniskrautöl bei Verbrennungen. Tüpfeljohanniskrautöl für Einreibungen bei Verstauchungen und zur Wundheilung.

Großblütige Königskerze

Verbascum olensiflorum

Familie: Braunwurzgewächse, Scrophulariaceae.

Stengel: 50–150 cm hoch, aufrecht, sehr stark, rund, grün, beblättert, behaart.

Blätter: Wechselständig, sehr groß, lanzettlich, 15–35 cm lang, 6–12 cm breit, kleingekerbt, sitzend, herablaufend, grün, behaart.

Blüten: In dichter Traube, kurz gestielt, Krone 30–40 mm Durchmesser. 5 Kronblätter, verkehrt eiförmig-rundlich, gelb. Staubblättchen weit hervorstehend, gelb bis rötlich. Kelchblättchen lanzettlich, grün, anliegend. Hochblättchen zwischen den Blüten abstehend. Pflanze blüht von unten nach oben! Aromatisch.

Blütezeit: Juli bis September.

Standort: Bis 1700 m, auf steinigen, stickstoffreichen Böden. Schuttplätze, Waldränder, Kahlschläge, Bahndämme, Bergwiesen, warme Böschungen, Geröllhalden. Zerstreut.

Verbreitung: Alpen, Pyrenäen, fast ganz Europa.

Wirksame Pflanzenteile: Blüten, Blätter.

Sammelzeit: Juni bis August, Blüten von Juli bis September.

Aufbewahrung: Blüten und Blätter rasch, schattig trocknen, verschlossen aufbewahren (Blätter sehr brüchig!).

Inhaltsstoffe: Ätherisches Öl, Saponine, Schleimstoffe, Bitterstoffe, Farbstoffe, Xanthophylle, Hesperidin.

Medizinische Eigenschaften: Blutreinigung, harntreibend, erfrischend, erweichend, sedativ. Wirksam bei Husten, Brustkatarrh, Hämorrhoiden und Augenentzündungen.

Zubereitung: Aufguß: 30 g Blüten in 1 Liter kochendem Wasser 8 Minuten ziehen lassen. Aufguß bei Husten: 18 g Blüten in 1 Liter kochendem Wasser 6 Minuten ziehen lassen. Breiumschlag: Laubblätter zerkleinern, 10 Minuten kochen, warm verwenden.

Volksmedizinische Anwendung: Äußerlich und innerlich. Aufguß zur Reizminderung als Tee bei Husten, Hämorrhoiden und Augenentzündung: Täglich 3 Tassen. Breiumschlag bei Abszeß und Hämorrhoiden. Aufguß bei krampfhaftem Husten: Täglich 3 Tassen zwischen den Mahlzeiten. Breiumschlag bei Gesichtsneuralgie.

Vorsicht: Dosierung genau beachten. Zubereitungen zur inneren Anwendung filtrieren!

Kleinblütige Königskerze

Verbascum thapsus

Familie: Braunwurzgewächse, Scrophulariaceae.

Stengel: 35–140 cm hoch, aufrecht, sehr stark, teils gefurcht, beblättert, geflügelt, graugrün, filzig behaart.

Blätter: Groß, lanzettlich, aufrecht, anliegend, kleingekerbt, graugrün, filzig behaart, Blattrosette aus breit-lanzettlichen, großen Blättern, sitzend oder kurzgestielt.

Blüten: In langer Traube, dichtblütig, mit Hochblättchen durchsetzt. Einzelblütchen 1,5–2,0 cm Durchmesser, fünf Blütenblätter verkehrt eiförmig, schwefelgelb. Staubblättchen kurz, ockergeld. Traube erblüht von unten nach oben! Aromatisch.

Blütezeit: Juli bis September.

Standort: Bis 1800 m, auf Kalk- und Silikatgestein, Bergwiesen, Schuttplätzen, Rainen, Bahndämmen, Kahlschlägen, Unkrautfluren. Zerstreut, örtlich größere Bestände.

Verbreitung: Alpen, Apennin, Pyrenäen, Mitteleuropa.

Wirksame Pflanzenteile: Blätter, Blüten.

Sammelzeit: Juni bis September, Blüten von Juli bis September.

Aufbewahrung: Blüten und Blätter gut durchlüftet, rasch, schattig trocknen, verschlossen aufbewahren.

Inhaltsstoffe: Ätherisches Öl, Saponine, Schleimstoffe, Bitterstoffe, Farbstoff.

Medizinische Eigenschaften: Blutreinigend, Bronchialerkrankungen lindernd, erweichend, erfrischend, harntreibend, sedativ.

Zubereitung: Breiumschlag: Blüten in Milch ca. 10 Minuten kochen, warm mittels Tuch auflegen. Aufguß: bei Kolik: 40 g getrocknete Blüten und Blätter in 1 Liter kochendem Wasser 10 Minuten ziehen lassen. Aufguß: 36 g Blüten in 1 Liter kochendem Wasser 10 Minuten ziehen lassen. Absud zum Gurgeln bei Heiserkeit: 28 g Blüten in 1 Liter Wasser 10 Minuten kochen und 10 Minuten ziehen lassen, abseihen. Breiumschlag bei Neuralgie: Blätter in Wasser kochen und warm mittels Tuch auflegen.

Volksmedizinische Anwendung: Innerlich und äußerlich. Breiumschlag zur Schmerzlinderung und schnelleren Heilung von Abszessen: Alle 3 Stunden erneuern. Aufguß bei Asthma: Täglich 3 Tassen zwischen den Mahlzeiten. Breiumschlag bei Furunkel: 2–3mal erneuern. Aufguß bei Hämorrhoiden: Täglich 2 Tassen trinken. Aufguß bei Kolik: Bis zu 3 Tassen innerhalb 24 Stunden trinken. Absud bei Heiserkeit: Täglich 3–4mal gurgeln. Aufguß bei Kolik des Dickdarms und Erkrankungen der Lunge. Breiumschlag bei Gesichtsneuralgie.

Vorsicht: Zur inneren Anwendung filtrieren!

Echter Steinklee

Melilotus officinalis

Familie: Schmetterlingsblütler, Fabaceae.

Stengel: 30–100 cm hoch, aufrecht, stark, rund, riefig, ästig, kahl, grün.

Blätter: Wechselständig, gestielt, dreizählig gefingert, breit-lanzettlich, stumpf, gesägt, grün.

Blüten: In langen, schmalen Trauben, aufrecht, an langen Stielchen, blattachselständig. Einzelblütchen 5–7 mm lang, Flügel länger als das Schiffchen, gelb, dachziegelartig hängend.

Blütezeit: Juni bis September.

Standort: Bis 1500 m, auf stickstoffhaltigen Böden. Sonnige Wiesen, Unkrautbestände, Wegränder, Schuttplätze, Auen, Steinbrüche. Häufig! Gesellig, örtlich größere Bestände.

Verbreitung: Alpen, fast ganz Europa.

Wirksame Pflanzenteile: Blühende Sproßspitzen.

Sammelzeit: Juni bis September je nach Standort.

Aufbewahrung: Schnell, schattig, luftig trocknen.

Inhaltsstoffe: Glykoside, Flavonoide, Camarin, Harz, ätherisches Öl, Schleimstoff.

Medizinische Eigenschaften: Entzündungshemmend, adstringierend, harntreibend, krampflösend, sedativ, erweichend. Wirkt bei Blähungen.

Zubereitung: Aufguß: 12 g Steinklee, 20 g Wegerich, 10 g Kornblumen in 300 ml kochendem Wasser 10 Minuten ziehen lassen, verschlossen aufbewahren. Breiumschlag: 48 g blühende, getrocknete Sproßspitzen mit wenig Wasser zu einem Brei gekocht, sehr warm verwenden. Aufguß zur Wiedererlangung der Nervenruhe: 30 g blühende, getrocknete Sproßspitzen in 1 Liter kochendem Wasser 20 Minuten ziehen lassen. Aufguß bei Neuralgie: 80 g blühende Sproßspitzen in 1 Liter kochendem Wasser 5 Minuten ziehen lassen.

Volksmedizinische Anwendung: Innerlich und äußerlich. Aufguß zur Erfrischung der Augen: Täglich zweimal ein Augenbad vornehmen. Breiumschlag bei Kolik: In Leinensäckchen auf den Unterleib auflegen. Aufguß bei Nervosität: Täglich 2 Tassen zwischen den Mahlzeiten trinken. Kompresse zur Linderung bei Neuralgie: Kalt verwenden.

Alpenwundklee

Anthyllis vulneraria

Familie: Schmetterlingsblütler, Papilionaceae.

Stengel: 8–25 cm lang, niederliegend, aufsteigend, zart, rund, grün-bräunlich, mehrere aus einem Wurzelstock, beblättert.

Blätter: Langgestielt, unpaarig gefiedert, großes Endblatt, kleinere Seitenblätter, dunkelgrün. Obere Stengelblätter gefiedert, leicht eingerollt, länglich eiförmig.

Blüten: Kopfig oder ährenförmig am Stengelende. Einzelblütchen mit 5blättriger Krone, goldgelb, öfters etwas weißlich. Kelch röhrig-glockig, 5zähnig, bauchig, weißlich. Zusammengezogener Schlund, am Blütengrund wollig behaart.

Blütezeit: Juni bis August.

Standort: 1400–2900 m, auf steinigen, mageren Böden. Trockene Bergwiesen, steinige Hänge, Grate, Felsbänder, an Felsen, Almwiesen. Häufig!

Verbreitung: Alpen, Apennin, Pyrenäen, Norwegen.

Wirksame Pflanzenteile: Ganze Pflanze mit Blüten.

Sammelzeit: Juni bis August.

Aufbewahrung: Im Schatten schnell trocknen.

Inhaltsstoffe: Saponine, Flavonoide, Gerbstoff.

Medizinische Eigenschaften: Blutreinigend, wundheilend, adstringierend, krampflösend.

Zubereitung: Absud: 96 g Blätter und Wurzeln in 1 Liter Wasser 5 Minuten kochen, 12 Minuten ziehen lassen.

Volksmedizinische Anwendung: Äußerlich. Absud bei Quetschungen ohne offene Wunden: Kompressen mehrmals täglich wechseln.

Echtes Labkraut

Galium verum

Familie: Rötegewächse, Rubiaceae.

Stengel: 30–80 cm hoch, aufrecht oder aufsteigend, vierkantig, ästig, beblättert, grün-gelb, kahl.

Blätter: Quirlständig, zu acht bis zwölf, nadelförmig, unterseits weißlich, 15–25 mm lang, stachelspitzig, zur Blütenrispe kleiner werdend, einnervig, grün.

Blüten: In endständiger, reichblütiger Rispe. Zahlreiche kleine Einzelblütchen, vier Kronblattzipfel, gelb, flach ausgebreitet, sehr zahlreich, nach Honig duftend.

Blütezeit: Mai bis September.

Standort: Bis 1700 m, auf kalkhaltigen Böden, Magerrasen, Bergwiesen, Wegrändern, Föhrenwäldern, steinige Matten, Gebüsch- und Waldrändern. Ziemlich häufig! Gesellig.

Verbreitung: Alpen, Norwegen.

Wirksame Pflanzenteile: Blühende Sproßspitzen.

Sammelzeit: Mai bis September.

Aufbewahrung: Schnell und gut durchlüftet trocknen, auch frisch zu verwenden.

Inhaltsstoffe: Ätherisches Öl, organische Säuren, Fette, Vitamin C, Labenzym, Saponine.

Medizinische Eigenschaften: Adstringierend, gallentreibend, harntreibend, krampflösend, wundheilend, wirksam bei Nieren- und Leberleiden.

Zubereitung: Aufguß: 24 g Sproßspitzen in 1 Liter kochendem Wasser 8 Minuten ziehen lassen. Absud: 18 g der frischen, blühenden Sproßspitzen in 1 Liter Wasser 5 Minuten kochen und 10 Minuten ziehen lassen. Absud bei Krämpfen: 10 g der getrockneten Sproßspitzen in 1 Liter Wasser 5 Minuten kochen und 5 Minuten ziehen lassen, abseihen. Aufguß zur Wiedererlangung der Nervenruhe: 30 g Blüten in 1 Liter kochendem Wasser 10 Minuten ziehen lassen, abseihen. Aufguß bei Leberleiden: 18 g Sproßspitzen in 1 Liter kochendem Wasser 8 Minuten ziehen lassen.

Volksmedizinische Anwendung: Innerlich und äußerlich. Aufguß zur regelmäßigen Harnausscheidung: Täglich 2 Tassen trinken. Absud bei Hautflechte: Die betroffenen Hautstellen morgens und abends bestreichen. Absud bei Krämpfen: Täglich 2 Tassen trinken. Aufguß bei Nervosität: Täglich 2 Tassen trinken. Aufguß bei Leberleiden: Täglich 2 Tassen.

Gemeiner Löwenzahn

Taraxaxum officinale

Familie: Korbblütler, Compositae.

Stengel: 10–50 cm hoch, aufrecht, blattlos, röhrig, mit weißem Milchsaft, gelbgrün, kahl.

Blätter: Grundständig, rosettig, bis 35 cm lang, breit-lanzettlich, schrotsägeförmig, stark gelappt, grasgrün, kahl.

Blüten: Endständig, einzeln, Köpfchen 3–5 cm im Durchmesser, nur Zungenblütchen mit je fünf Staubblättchen, goldgelb. Hüllkelch aus lanzettlichen Blättchen, äußere herabgeschlagen, innere bewirken das tägliche Öffnen und Schließen des Blütenkörbchens.

Blütezeit: April bis August.

Standort: Bis 1800 m, auf stickstoffreichen Böden, Wiesen, Feldern, Schuttplätzen, Gärten, Wegrändern, Weiden. Häufig! Gesellig.

Verbreitung: Alpen, ganz Europa.

Bemerkung: Neben den beiden blühenden Pflanzen ist auf der Abbildung der Fruchtstand mit den weißgrauen, flaumigen Flugorganen (Fallschirmchen mit Samen) zu sehen.

Wirksame Pflanzenteile: Wurzelstock, Blätter, Saft.

Sammelzeit: Wurzelstock und Blätter vor der Blüte im Mai, Saft im Mai bis Juni.

Aufbewahrung: Wurzeln waschen, zerkleinern und, wie auch die Blätter, schnell, schattig trocknen. Blätter und Saft auch frisch verwenden.

Inhaltsstoffe: Bitterstoff, Gerbstoff, Inulin, ätherisches Öl, Cholin, Provitamin A, Vitamin B, C, Mineralsalze.

Medizinische Eigenschaften: Appetitanregend, abführend, blutreinigend, Gallensekretion fördernd, harntreibend, tonisierend, magenwirksam.

Zubereitung: Absud: 90 g Wurzeln in 1 Liter Wasser 10 Minuten kochen lassen. Absud zur Gallensekretion: 70 g Wurzeln in 1 Liter Wasser 5 Minuten kochen lassen, abseihen, abfüllen. Aufguß: 18 g Löwenzahnblätter und Wurzeln, sowie 24 g Gänseblümchenblüten und Blätter in 1 Liter kochendem Wasser 10 Minuten ziehen lassen. Bad: 36 g Blätter und Wurzeln in 1 Liter Wasser 10 Minuten kochen lassen, abseihen. Absud bei Steinerkrankungen: 42 g getrocknete Pflanzen in 1 Liter Wasser 3 Minuten kochen, 10 Minuten ziehen lassen.

Volksmedizinische Anwendung: Innerlich und äußerlich. Absud zur Senkung des Cholesterinspiegels: Täglich 3 Gläschen vor den Mahlzeiten. Absud zur Anregung der Gallensekretion: Täglich 3 Tassen trinken. Aufguß bei Gelbsucht: Täglich 3 Tassen trinken. Löwenzahnbad bei Hämorrhoiden. Absud bei Nieren- und Gallensteinen: Täglich 3 Tassen. Salat aus Löwenzahnblättern bei Verstopfung.

Echtes Mädesüß

Filipendula ulmaria

Familie: Rosengewächse, Rosaceae.

Stengel: 60–140 cm hoch, aufrecht, zart, kantig, oben ästig, beblättert, krautig, grün, kahl, staudenförmig.

Blätter: Wechselständig, groß, gestielt, gefiedert. Einzelblättchen schmal eiförmig, spitz, leicht gesägt, oberseits grün, glänzend, unterseits hellgrün, weißfilzig, zwei bis fünf Paare, endständige größer, drei- bis fünfspaltig.

Blüten: In ästigen Trugdolden, dichte Blütenstände. Einzelblütchen klein, fünf, seltener sechs Kronblättchen verkehrt eiförmig, bleichgelb, stark, angenehm duftend.

Blütezeit: Juni bis August.

Standort: Bis 1400 m, auf feuchten, lehmigen oder sandigen Böden, nassen Wiesen, Flachmooren, Bergwiesen, Auen, Waldrändern, Bachufern. Häufig! Meist gesellig.

Verbreitung: Alpen, fast ganz Mitteleuropa.

Wirksame Pflanzenteile: Sproßspitzen, Blätter, Wurzelstock, Blüten.

Sammelzeit: Juli bis September vor dem Erblühen, Wurzelstock vor oder nach der Blüte.

Aufbewahrung: Wurzeln waschen, zerkleinern und, wie auch Blätter und Sproßspitzen, rasch, gut durchlüftet trocknen. Blätter auch frisch verwenden.

Inhaltsstoffe: Phenolglykoside, Flavonglykoside, Gerbstoff, Mineralsalze.

Medizinische Eigenschaften: Harntreibend, adstringierend, krampflösend, schweißtreibend, tonisch.

Zubereitung: Aufguß: 30 g getrocknete Sproßspitzen in 1 Liter kochendem Wasser 10 Minuten ziehen lassen, erkalten lassen, abseihen, abfüllen. Breiumschlag bei Blutgefäßerweiterung: Frische, zerstoßene Blätter verwenden. Aufguß bei Durchfall: 36 g getrocknete Pflanzen samt Wurzel in 1 Liter kochendem Wasser 8 Minuten ziehen lassen. Mädesüßwein: 48 g frische Blüten in 1 Liter heißem Weißwein 10 Minuten ziehen lassen, abseihen, abfüllen.

Volksmedizinische Anwendung: Innerlich und äußerlich. Aufguß bei Arteriosklerose: Täglich 3 Tassen zwischen den Mahlzeiten trinken. Breiumschlag bei Couperose: Täglich zweimal auflegen. Aufguß bei Durchfall: Täglich 3 Tassen trinken. Mädesüßwein zur Förderung der Harnausscheidung: Täglich zwei Gläschen. Aufguß zur Unterstützung der medikamentösen Behandlung bei Nierensteinen: Täglich 3 Tassen trinken. Zerstoßene Blätter zur Wundheilung: Zweimal täglich frisch auflegen.

Vorsicht: Bei der Zubereitung nicht aufkochen!

Gemeine Nachtkerze

Oenothera bienis

Familie: Nachtkerzengewächse, Onagraceae.

Stengel: 40–100 cm hoch, aufrecht, kräftig, rund, teilweise riefig, grün, behaart, dicht beblättert.

Blätter: Wechselständig, reichlich, langlanzettlich, ganzrandig oder leicht gekerbt, kurzgestielt oder sitzend, 8–15 cm lang, ca. 2–3 cm breit.

Blüten: In endständiger Traube, gestielt, 4–6 cm Durchmesser. Vier Kronblätter, eiförmig-rundlich, hell-goldgelb. Kronröhre 2–5 cm lang. Staubblätter etwas kürzer, gelb. Kelchblätter lanzettlich, spitz, zurückgeschlagen.

Blütezeit: Juni bis August.

Standort: Bis 1000 m, auf sandigen, kiesigen Böden, am Rand lichter Föhrenwälder, Straßenrändern, Kiesgruben, Dämmen, Steinbrüchen, Auen, Böschungen. Nicht häufig! Örtlich größere Bestände, gesellig.

Verbreitung: Alpen, fast ganz Europa.

Bemerkung: Pflanze blüht auffällig gegen Abend und nur zwei Nächte hindurch.

Wirksame Pflanzenteile: Wurzel und Blätter.

Sammelzeit: Mai bis Juni vor der Blütezeit, Blätter Juni bis September.

Aufbewahrung: Wurzel waschen, zerkleinern und wie Blätter, rasch, schattig trocknen. Wurzel auch frisch verwendbar.

Inhaltsstoffe: Flavonoide, Gerbstoff, Schleimstoffe.

Medizinische Eigenschaften: Blutreinigend, krampflösend.

Zubereitung: Extrakt: 24 g Pflanzenteile in 200 ml kochendem Wasser 18 Minuten ziehen lassen, filtrieren, solange weiter kochen bis ca. 1/10 Flüssigkeit übrigbleibt.

Volksmedizinische Anwendung: Innerlich. Extrakt bei Krämpfen: Einen knappen Teelöffel voll in einer Tasse Tee einnehmen.

Echte Nelkenwurz

Geum urbanum

Familie: Rosengewächse, Rosaceae.

Stengel: 25–60 cm hoch, aufrecht ästig, rund, grün, beblättert, zum Grund braunrot, staudenartige Pflanze.

Blätter: Wechselständig, gestielt, unregelmäßig, einfach gefiedert. Endblättchen größer, grob gesägt, rauhhaarig. Obere Stengelblätter dreizählig, schmallanzettlich, spitz, grün, sitzend.

Blüten: Endständig, einzeln an langen Stielchen. Fünf Kronblätter, eiförmig rundlich, goldgelb. Fünf Kelchblättchen, schmallenzettlich, spitz, grün, abstehend oder zurückgeschlagen, 1–2 cm Durchmesser. Steifborstige Fruchtstände, an der Spitze hakig gekrümmt.

Blütezeit: Mai bis September.

Standort: Bis 1600 m, auf gut durchfeuchteten, stickstoffhaltigen Böden, Gärten, Bergwiesen, Laubwäldern, Gebüschen, Böschungen, Schuttplätzen, an Hekken, Waldlichtungen. Nicht häufig! Gesellig.

Verbreitung: Alpen, fast ganz Europa.

Wirksame Pflanzenteile: Wurzelstock, Blätter.

Sammelzeit: Wurzelstock vor der Blüte, Blätter zur Blütezeit.

Aufbewahrung: Wurzelstock waschen, zerkleinern, schattig trocknen. Blätter schattig, schnell trocknen, verschlossen aufbewahren.

Inhaltsstoffe: Glykoside, Vitamin C, Gerbstoff, Bitterstoff, Harz, Eugenol, ätherisches Öl, Stärke, Flavon.

Medizinische Eigenschaften: Wundheilend, fiebersenkend, adstringierend, schweißtreibend, tonisch.

Zubereitung: Aufguß: 36 g Wurzeln in einem Liter kochenden Wasser 10 Minuten ziehen lassen, filtrieren. Breiumschlag: Rohe zerstoßene Blätter auf die Wunden auflegen. Breiumschlag bei Bindehautentzündung: Frische, zerstoßene Blätter auf die Augen legen. Aufguß als Gurgelmittel: 18 g Wurzel in 1 Liter kochendem Wasser 5 Minuten ziehen lassen.

Volksmedizinische Anwendung: Innerlich und äußerlich. Aufguß bei Durchfall: Alle 2 Stunden ein Glas lauwarm trinken. Breiumschlag bei Augenbindehautentzündung. Aufguß als Gurgelmittel bei Entzündungen der Mundhöhle: Täglich mehrmals anwenden.

Vorsicht: Bei der Aufbewahrung keine Gefäße aus Eisen verwenden!

Pfennigkraut

Lysimachia nummularia

Familie: Primelgewächse, Primulaceae.

Stengel: 15–50 cm lang, niederliegend, kriechend, kantig, beblättert, kahl, hellgrün.

Blätter: Gegenständig, kurz gestielt, rundlich, ganzrandig, dunkelgrün, 20–30 mm lang.

Blüten: Blattachselständig, ein oder zwei, langgestielt, 15 mm Durchmesser. Fünf Kronblätter, eiförmig rund, goldgelb, öfters innen rot punktiert. Kelchblätter herzförmig, zugespitzt.

Blütezeit: Mai bis August.

Standort: Bis 1200 m, auf dichten, feuchten Lehmböden. Quellfluren, Uferbereiche, feuchte halbschattige Wiesen, Laubwälder, Matten, Weiden, Auwälder. Zerstreut!

Verbreitung: Alpen, fast ganz Europa.

Wirksame Pflanzenteile: Ganze Pflanze.

Sammelzeit: Mai bis August.

Aufbewahrung: Pflanzen, luftig, rasch im Schatten trocknen, verschlossen aufbewahren.

Inhaltsstoffe: Enzyme, Gerbstoff, Kalium, Kieselsäure, Saponin, Schleimstoffe.

Medizinische Eigenschaften: Adstringierend, wundheilend.

Zubereitung: Aufguß: 35 g der Pflanze in 1 Liter kochendem Wasser 10 Minuten ziehen lassen, abseihen. Aufgußmischung: 28 g Pfennigkraut und 30 g Blüten und Blätter von Gilbweiderich in 1 Liter kochendem Wasser 10 Minuten ziehen lassen, abseihen. Absud für Kompressen: 25 g der Pflanze in 1 Liter Wasser 10 Minuten kochen lassen, abseihen. Aufguß zur Wundheilung: 40 g der Pflanze in 1 Liter Wasser 10 Minuten ziehen lassen, filtrieren.

Volksmedizinische Anwendung: Innerlich und äußerlich. Aufguß bei Gebärmutterblutungen: Täglich 2 Tassen trinken. Aufgußmischung bei Durchfall: Täglich 2 Tassen trinken. Absud für Kompressen bei Hämorrhoiden und auch für Mundspülungen bei Verletzungen der Schleimhaut. Aufguß zur rascheren Wundheilung: Die Wunde mehrmals täglich waschen.

Wiesenprimel

Primula veris

Familie: Primelgewächse, Primulaceae.

Stengel: 8–35 cm hoch, aufrecht, stark, rund, gelb-grün, leicht behaart, blattlos.

Blätter: Grundständig, rosettig, länglich eiförmig, mit breitem, flachem Stiel, gekerbt, runzelig, resedagrün, behaart, jüngere Blätter zurückgerollt.

Blüten: Endständig, einseitswendige Dolde. Krone trichteförmig, fünf Kronblättchen, verkehrt herzförmig, eingeschnitten, goldgelb. Schlundeingang orangegelb gefleckt. Kelch lang, aufgeblasen, kantig, grün, gestielt, behaart.

Blütezeit: April bis Mai.

Standort: 800–2200 m, auf kalkhaltigen, warmen Böden. Bergwiesen, Weiden, lichte Laub- und Mischwälder, sonnige Hänge, steinige Halden. Nicht häufig! Gesellig.

Verbreitung: Alpen, Apennin, Pyrenäen.

Wirksame Pflanzenteile: Blüten ohne Stielchen, Blätter, Wurzelstock.

Sammelzeit: Blüten kurz vor dem vollen Erblühen, Blätter Mai bis Juni, Wurzelstock im Herbst.

Aufbewahrung: Wurzelstock waschen, zerkleinern und, wie Blüten und Blätter, schattig oder im Backrohr trocknen.

Inhaltsstoffe: Glykoside, Saponine, Flavonoide, ätherisches Öl, Mineralsalze.

Medizinische Eigenschaften: Fiebersenkend, harntreibend, krampflösend, abführend, Husten lindernd.

Zubereitung: Absud: 18 g Wurzeln in 1 Liter Wasser 10 Minuten kochen lassen. Aufguß: 36 g getrocknete Blüten in 1 Liter kochendem Wasser 10 Minuten ziehen lassen. Aufguß bei Rheumaschmerzen: 18 g Blüten in 1 Liter kochendem Wasser 10 Minuten ziehen lassen und 3 Wochen lang täglich 3 Tassen trinken. Absud zum Auflegen: 96 g getrocknete Wurzeln in 1 Liter kochendem Wasser 10 Minuten ziehen lassen.

Volksmedizinische Anwendung: Innerlich und äußerlich. Absud bei krampfhaftem Husten. Aufguß gegen Kopfschmerzen. Tee bei Rheumatismus und Schmerzanfällen. Absud für Kompressen zum Auflegen bei Quetschungen.

Rainfarn

Tanacetum vulgare

Familie: Korbblütler, Asteraceae.

Stengel: 40–120 cm hoch, aufrecht oder aufsteigend, gefurcht, mehrere aus einem Wurzelstock, verzweigt, hohl, grün, oberhalb rund, beblättert.

Blätter: Wechselständig, einfach oder doppelt fiederteilig, mit vielen kleinen Abschnitten, grün.

Blüten: In kleinen halbkugeligen Körbchen, endständige Trugdolden, goldgelb. Einzelblütchen nur Röhrenblüten. Halbkugeliger Kelch mit winzigen Blättchen bedeckt, grün, behaart, langgestielt, aufrecht.

Blütezeit: Juli bis September.

Standort: Bis 1800 m, auf nährstoffreichen, sandigen Böden, Bahndämmen, Böschungen, Kahlschlägen, Schuttplätzen, Straßenrändern, Blockfluren. Ziemlich häufig!

Verbreitung: Alpen, besonders Dolomiten und Südalpen.

Wirksame Pflanzenteile: Blühende Sproßspitzen, Samen, Blätter.

Sammelzeit: Juli bis Oktober, Samen September bis Oktober, Blätter im Juli vor der Blüte.

Aufbewahrung: Pflanzenteile in Büscheln schattig trocknen.

Inhaltsstoffe: Inulin, Bitterstoff, Lipide, Harz, ätherisches Öl, Gerbstoff.

Medizinische Eigenschaften: Verdauungsfördernd, wurmtreibend, Menstruation regulierend.

Zubereitung: Aufguß: 6 g blühende Sproßspitzen in 1 Liter kochendem Wasser 5 Minuten ziehen lassen, abseihen. Rainfarnwein: 65 g blühende Sproßspitzen in 1 Liter Süßwein 8 Tage lang ziehen lassen. Absud: 50 g Rainfarn auf 1 Liter gesalzenes Wasser, 10 Minuten kochen, 10 Minuten ziehen lassen. Aufguß für Kompressen: 65 g getrocknete, blühende Sproßspitzen mit 1 Liter warmen Wasser mischen, 8 Minuten ziehen lassen, filtrieren. Aufguß für Mundwasser: 48 g blühende Sproßspitzen in 1 Liter kochendem Wasser 12 Minuten ziehen lassen, filtrieren.

Volksmedizinische Anwendung: Innerlich und äußerlich. Aufguß bei Schlaffheit des Magens: 1 Tasse in kleinen Schlucken auf den Tag verteilt. Rainfarnwein bei Rheumatismus: 1 kleines Glas nach den Mahlzeiten. Aufguß für Kompressen bei Verstauchungen: Kompressen alle 3 Stunden erneuern. Aufguß als Mundwasser zur Linderung von Zahnschmerzen: Mehrmals täglich spülen. Aufguß gegen Spul- und Madenwürmer. Zur Menstruationsregulierung: Warme Kompresse aus Absud auf den Unterleib legen.

Vorsicht: Dosierung beachten!

Sanddorn

Hippophae rhamnoides

Familie: Ölweidengewächse, Elaeagnaceae.

Stengel: Dorniger Strauch bis 6 m hoch, Äste und Zweige verholzt, rund, braun bis grün-braun, beblättert. Äste und Zweige mit spitzen Dornen besetzt.

Blätter: Wechselständig, lineal-lanzettlich 5–8 cm lang, 5–8 mm breit, oberseits graugrün, unterseits silberweiß, ganzrandig, teilweise ausgerandet, sitzend.

Blüten: Klein, unscheinbar, bräunlich-grün, kopfartig an der Basis der jungen Zweige. 4 Staubblättchen ein Griffel. Viele Scheinfrüchte orangefarben, kurzgestielt, rund bis eiförmig, 6–8 mm lang, 6–7 mm Durchmesser.

Blütezeit: März bis Mai.

Standort: Bis 1800 m, auf kalkhaltigen, sandigen Böden, Auen, Kiesbänken, lichten Föhrenwäldern, Wald- und Gebüschrändern, Böschungen, warmen Sonnenhängen. Zerstreut, örtlich größere Rudel.

Verbreitung: Alpen (besonders Südalpen), Südeuropa.

Wirksame Pflanzenteile: Scheinbeeren.

Sammelzeit: September bis November.

Aufbewahrung: Frisch zu Saft oder Gelee verkochen, in Flaschen oder Gläsern aufbewahren.

Inhaltsstoffe: Glykoside, Flavonoide, Provitamine A, Farbstoff, Vitamin B 1, B2, B6, C und E, organische Säuren, fettes Öl.

Medizinische Eigenschaften: Antiseptisch, adstringierend, tonisch, wurmtreibend, hilft bei Skorbut, Zahnfleisch- und Kapillarblutungen, Appetitlosigkeit und sonstigen Mangelerscheinungen durch Vitamin C.

Zubereitung: Gelee: Reife Beeren in Wasser ca. 20 Minuten kochen, Saft abseihen, mit gleichem Gewichtsteil Zucker nochmals ca. 30 Minuten kochen, dann in Gläser abfüllen. Saft: Reife Beeren mit halbem Gewichtsanteil Zucker 15 Minuten kochen lassen, abfüllen.

Volksmedizinische Anwendung: Innerlich. Gelee bei Asthenie: 3mal täglich ca. 1 Eßlöffel vor den Mahlzeiten. Saft bei Grippe: Täglich 3 Eßlöffel. Gelee oder Saft gegen Skorbut (Mangel an Vitamin C): In den Wintermonaten täglich 3 × 1 Teelöffel.

Ackerschachtelhalm

Equisetum arvense

Familie: Schachtelhalmgewächse, Equisetaceae.

Stengel: 8–25 cm hoch, aufrecht, an den Trieben Sporangienähren, Schuppen scheidig am Stengel, gelb-bräunlich, mit braunen Spitzen, im Sommer verschwindend. Unfruchtbare Sommertriebe bis 50 cm hoch, gefurcht, quirlig verästelt, 4–10zähnige Scheiden, mehrkantig, grün.

Blätter: Dünn, lang, rundlich, quirlig angeordnet, grün.

Blüten: Pflanze ist blütenlos!

Blütezeit: Heilkräftige Sommertriebe ab Mai bis September.

Standort: Bis 2400 m, auf stickstoffhaltigen, lehmigen Böden. Feuchte Wiesen, magere Böden, Uferbereiche, Ackerränder, Raine, Schuttplätze. Verbreitet, örtlich größere Bestände!

Verbreitung: Alpen, fast ganz Europa.

Wirksame Pflanzenteile: Ganze Pflanze ohne Wurzel (Stengel mit den Ästchen).

Sammelzeit: April bis Juli.

Aufbewahrung: Ganze Pflanzen gut belüftet, schattig trocknen.

Inhaltsstoffe: Gerbstoff, Glykoside, Bitterstoff, Mineralsalze, Harz, Saponin, Apfelsäure, Peptinsäure, Kalk, Natrium, Kaliumsalze, Eisen, Schwefel, Mangan, Magnesium.

Medizinische Eigenschaften: Adstringierend, blutstillend, harntreibend, narbenbildend, wird bei Steinerkrankungen, Rheumatismus und Mastdarmfisteln angewandt.

Zubereitung: Aufguß bei Albuminurie: 8 g Glaskraut und 10 g Ackerschachtelhalm in 1 Liter kochendem Wasser 8 Minuten ziehen lassen. Absud: 18 g getrocknete Pflanzen in 1 Liter Wasser 25 Minuten kochen lassen. Absud bei Nasenbluten: 75 g frische Pflanzen in 1 Liter Wasser 10 Minuten kochen lassen, abseihen. Absud bei Nierensteinen: 45 g frische Pflanzen in 1 Liter Wasser 25 Minuten kochen lassen, abseihen.

Volksmedizinische Anwendung: Innerlich und äußerlich. Aufguß bei Albuminurie (Eiweißausscheidung im Harn): Täglich 4 Tassen trinken. Absud als Gurgelmittel bei kleinen Geschwüren im Bereich der Mundschleimhaut: Mehrmals täglich. Absud bei Nasenbluten: Täglich 3 Tassen trinken. Absud bei Nierensteinen: Täglich 2 Tassen trinken. Rohe zerstoßene Pflanzen zur Wundheilung: Auf die Wunde auflegen. Zur Vorbeugung gegen Karies: die Zähne mit Ackerschachtelhalmpulver putzen.

Scharbockskraut

Ranunculus ficaria

Familie: Hahnenfußgewächse, Ranunculaceae.

Stengel: Bis 15 cm, niederliegend oder aufsteigend, mehrere Ausläufer aus dem knolligen Wurzelstock, grün, beblättert, kahl.

Blätter: Herzförmig bis nierenförmig bis rundlich, gestielt, gekerbt, grün, glänzend, netznervig.

Blüten: Einzeln, langgestielt, in den Blattachseln oftmals auch kleine, weißliche Brutknöllchen. Acht bis zwölf schmale Blütenblätter, länglich, stumpf, goldgelb, glänzend, sternförmig ausgebreitet, ca. 1,5–2,5 cm im Durchmesser. In der Mitte zahlreiche goldgelbe Staubblätter.

Blütezeit: März bis Mai.

Standort: Bis 1200 m, auf tiefgründigen, nährstoffreichen Böden. Feuchte Auen, Laubwälder, Gebüsche, Weiden. Gesellig! Häufig!

Verbreitung: Alpen, Pyrenäen.

Wirksame Pflanzenteile: Blätter und Saft, Brutknöllchen.

Sammelzeit: Frische Blätter und Saft vor der Blüte, Brutknöllchen nach der Blüte.

Aufbewahrung: Blätter und Saft frisch verwenden. Brutknöllchen im Schatten schnell trocknen.

Inhaltsstoffe: Saponine, Vitamin C, ätherische Öle, Ranunculin, Protoanemonin.

Medizinische Eigenschaften: Schmerzlindernd, entzündungshemmend, blutreinigend.

Zubereitung: Aufguß: 95 g der Pflanze auf 1 Liter kochendes Wasser, heiß ohne filtern verwenden. Aufguß als Tee: 12 g Blätter in 1 Liter kochendem Wasser 5 Minuten ziehen lassen.

Volksmedizinische Anwendung: Innerlich und äußerlich. Aufguß für Dampfsitzbäder bei Hämorrhoiden; Tee zur Blutreinigung: Täglich 3 Tassen trinken.

Vorsicht: Blättchen nur vor der Blüte ungiftig!

Großes Schöllkraut

Chelidonium majus

Familie: Mohngewächse, Papaveraceae.

Stengel: 20–70 cm hoch, Staude, verzweigt, schwach behaart, beblättert, zart, hohl, grün, mit orangegelbem Milchsaft.

Blätter: Grundständig, fiederlappig, buchtig, gekerbt, mit stumpf gezähnten Abschnitten, blaugrün. Stengelblätter wechselständig. Großes Mittelblatt, stark geadert. Früchte bis 3 cm lang. Schmale Schoten, schwarze Samen.

Blüten: An langen dünnen Stielchen, groß, 15–20 mm im Durchmesser. Vier Blütenblätter, verkehrt eiförmig, goldgelb. Zwei Kelchblätter, anliegend, grün oder gleichfarbig, in lockeren zwei- bis achtblütigen Dolden am verzweigten Stengel.

Blütezeit: April bis September.

Standort: Bis 1500 m, auf feuchteren, nährstoffreichen Böden. Liebt Halbschatten, Gebüsch, Waldränder, Mauern, Unkrautfluren, Schuttplätze. Giftig! Häufig, verbreitet.

Verbreitung: Alpen, Südskandinavien, fast ganz Mitteleuropa.

Wirksame Pflanzenteile: Wurzelstock, Blätter, Milchsaft.

Sammelzeit: Wurzeln im Herbst, Blätter von Juni bis August, Milchsaft frisch vor der Blüte.

Aufbewahrung: Wurzeln waschen und wie die Blätter und Blüten rasch, schattig trocknen.

Inhaltsstoffe: Saponine, Farbstoff, Alkaloide, ätherisches Öl, Chelidonin, Homochelidonin, Berberin, Spartein, Kalzium, Harz, Ammonium, Magnesiumphosphat.

Medizinische Eigenschaften: Abführend, blutdrucksenkend, krampflösend, fördert die Gallensekretion, wirkt gegen Warzen, Hühneraugen und beeinflußt die Schilddrüse günstig.

Zubereitung: Milchsaft nur frisch von gebrochenen Stengeln verwenden! Tee, Absud oder Aufguß nur mit ärztlicher Anordnung! Aufguß: 18 g der Wurzel in 1 Liter kochendem Wasser 5 Minuten ziehen lassen. Aufguß: 12 g Blüten in 1 Liter kochendem Wasser 5 Minuten ziehen lassen.

Volksmedizinische Anwendung: Innerlich und äußerlich. Innerlich nur auf ärztliche Verordnung. Äußerlich: Gegen Warzen den frischen Saft der Wurzeln mit etwas Glyzerin gemischt mehrmals täglich auftupfen. Gegen Schwielen den frischen Saft mit Blüten vermischt 4mal täglich auftupfen. Gegen Hühneraugen 4mal täglich die betroffenen Stellen mit frischem Saft bestreichen. Aufguß zur Behandlung der Leber und Galle: Täglich 3 Tassen. Aufguß der Blüte zur Beeinflussung der Schilddrüse.

Vorsicht: Besonders im Milchsaft mehrere giftige Alkaloide!

Siegwurz (Allermannsharnisch)

Allium victorialis L.

Familie: Liliengewächse, Liliaceae.

Stengel: 25–60 cm hoch, aufrecht, rund, grün, untere Stengelhälfte beblättert, oben kahl, etwas kantig.

Blätter: Am unteren Stengeldrittel zwei bis drei länglich-elliptische Blätter in einen kurzen Stiel verschmälert, anfangs längsgefaltet, sattgrün, 15–30 cm lang, fleischig.

Blüten: Endständige Scheindolde, vielblütig, kugelig, weißlich-grün, kurz gestielt, mit langen Staubblättern. Blütenknospen rot überlaufen.

Blütezeit: Juni bis August.

Standort: 1600–2800 m, vorwiegend auf Kalk- und Silikatgestein. Schiefermergelböden, Bergwiesen, felsige Abhänge, Latschengebüsch. Gesellig, jedoch nicht häufig!

Verbreitung: Alpen, Pyrenäen, Skandinavien, europäische Plfanze.

Wirksame Pflanzenteile: Blätter.

Sammelzeit: Vor der Blüte im Mai bis Juni.

Aufbewahrung: Nur frisch verwenden.

Inhaltsstoffe: Ätherisches Öl, Schleimstoff, Glykosid, Sulfid, Allylpolysulfiden, Aldehyd, Vitamin C. Geruch ähnlich dem Knoblauch.

Medizinische Eigenschaften: Blutreinigend, zur Adernentkalkung, darmreinigend. Wirksam bei Wurmbefall und Mangel an Vitamin C.

Zubereitung: Frische Blätter in Weingeist für Tinktur: 100 g grüne Blätter in 400 g 68prozentigem Weingeist bei ca. 20° C 14 Tage lang ziehen lassen, filtrieren, abfüllen. Blätter für Salate, Saucen, Suppen und als Gemüse kleingehackt verwenden.

Volksmedizinische Anwendung: Innerlich. Tinktur zur Blutreinigung und Adernentkalkung: Täglich in Abständen von 3 Stunden 12–15 Tropfen in lauwarmem Wasser einnehmen. Frische Blätter als Gewürz oder als Salat zur Frühjahrsentschlackung, Blutreinigung.

Echtes Stiefmütterchen

Viola tricolor

Familie: Veilchengewächse, Violaceae.

Stengel: 8–20 cm lang, niederliegend oder aufsteigend, kantig, verzweigt, grün, schwach behaart, beblättert, eher zart.

Blätter: Wechselständig, eiförmig-lanzettlich, spitz, grün. Nebenblätter lanzettlich, fiederspaltig.

Blüten: Endständig, groß, 2,5–5 cm Durchmesser, einzeln, langgestielt. Fünf Kronblättchen ausgebreitet, gelblichweiß bis hellviolett (dreifärbig)! Sporn kurz, stumpf. Blütenblätter zum Grund mit dunkelroten, strichartigen Saftmalen. Fünf Kelchblätter, lanzettlich, 20–30 mm lang, grün, anliegend.

Blütezeit: Juni bis August.

Standort: Bis 2400 m, auf kalkhaltigen, mageren Böden. Wiesenraine, Felder, Böschungen, Mauern, Feinschutt, Geröllhalden, Weiden. Zerstreut, gesellig!

Verbreitung: Alpen, Apennin, Pyrenäen, Norwegen, Vogesen, Jura.

Wirksame Pflanzenteile: Blühende Pflanze, Blüten, frischer Saft, Wurzel.

Sammelzeit: Mai bis September, möglichst vor der Hauptblütezeit.

Aufbewahrung: Blüten und Pflanzenteile gut durchlüftet, schattig, rasch trocknen.

Inhaltsstoffe: Saponine, Salicylsäure, Schleimstoffe, Gerbstoffe, Flavonglykoside.

Medizinische Eigenschaften: Blutreinigend, fiebersenkend, harntreibend, krampflösend, tonisch, narbenbildend, abführend, schweißtreibend, brecherregend.

Zubereitung: Aufguß: 48 g getrocknete Blüten und Blätter in 1 Liter kochendem Wasser 10 Minuten ziehen lassen. Absud: 2 g pulverisierte Wurzel in einem Glas mit gezuckertem Wasser auflösen. Aufguß bei Rheumatismus: 12 g getrocknete Plfanzenteile in 1 Liter kochendem Wasser 10 Minuten ziehen lassen. Aufguß bei Schuppenflechte: 42 g getrocknete Blüten in 1 Liter kochendem Wasser 10 Minuten ziehen lassen.

Volksmedizinische Anwendung: Innerlich und äußerlich. Aufguß bei Akne: 3 Wochen lang täglich 1 Tasse auf nüchternen Magen trinken. Absud bei Magenverstimmung zur Auslösung des Brechreizes. Aufguß bei schmerzhaftem Rheumatismus: 3 Wochen lang täglich 3 Tassen trinken. Aufguß bei Schuppenflechte: Pro Monat 3 Wochen lang, täglich 3 Tassen trinken.

Sumpfdotterblume

Caltha palustris

Familie: Hahnenfußgewächse, Ranunculaceae.

Stengel: Bis 30 cm lang, liegend oder aufsteigend, stark, verzweigt, hohl, kahl, beblättert, grün, unten rot überlaufen.

Blätter: Die unteren langgestielt, mit krautigen Scheiden, herz- oder nierenförmig, fein gekerbt, dunkelgrün, fettig glänzend. Stengelblätter sitzend, kleiner, Blattstiele rinnig.

Blüten: Langgestielt, endständig, bis 4 cm Durchmesser. Fünf Blütenhüllblätter eiförmig, dottergelb, glänzend; zahlreiche Staubblätter. Fünf bis acht Fruchtknoten und kurzer Griffel, ebenfalls dottergelb.

Blütezeit: April bis Juli.

Standort: Bis 2000 m, wasserreiche Stellen, Sumpflandschaften, Bachufer, Quellen, Sumpfwiesen, Gebüsch. Häufig! Giftig!

Verbreitung: Alpen, Pyrenäen, Apennin.

Wirksame Pflanzenteile: Blätter.

Sammelzeit: April bis Juni.

Aufbewahrung: Blätter luftig, rasch schattig trocknen.

Inhaltsstoffe: Carotin, Flavonoide, Protoanemonin.

Medizinische Eigenschaften: Hilft bei Rheumatismus, hautreizend.

Zubereitung: Blätter trocknen, erhitzen und auf die schmerzende Stelle auflegen.

Volksmedizinische Anwendung: Äußerlich. Blätter zum Auflegen bei Rheumatismus.

Vorsicht: Nur äußerlich anwenden!

Gelbe Teichrose (Große Mummel)

Nuphar luteum

Familie: Seerosengewächse, Nymphaceaceae.

Stengel: Bis 2,3 m entsprechend der Wassertiefe, mehrere aus einem Wurzelstock kriechend, rund, stark, grün.

Blätter: Langgestielt, eiförmig, herzförmig eingeschnitten, sehr groß, ganzrandig, grün, glänzend, an der Wasseroberfläche schwimmend, 10–25 cm lang, 8–12 cm breit.

Blüten: Endständig, einzeln, groß, ca. 3–5 cm Durchmesser. Fünf runde Kelchblätter, gelb. 8–24 spatelförmige Kronblätter und gelbe Staubblättchen. Narbenscheibe 15–20strahlig, im Mittel trichterförmig vertieft, stark duftend. Die Blüten stehen meistens ca. 5–15 cm über dem Wasserspiegel!

Blütezeit: Juni bis August.

Standort: Bis 1500 m, in stehenden oder langsam fließenden Gewässern, nährstoffreichen Teichen, sauren Moorseen. Eher selten. Örtlich größere Bestände. Geschützt!

Verbreitung: Alpen, fast ganz Europa.

Wirksame Pflanzenteile: Blüten, Wurzelstock.

Sammelzeit: Juni bis August.

Aufbewahrung: Wurzeln waschen, zerkleinern und wie die Blütenblätter schattig trocknen.

Inhaltsstoffe: Alkaloide, Glykoside, Gerbstoff.

Medizinische Eigenschaften: Krampflösend, antibiotisch, sedativ.

Zubereitung: Absud: 20 g Wurzeln in 1 Liter Wasser 5 Minuten kochen lassen, filtrieren. Lotion: 28 g Blüten in 100 ml Wasser 30 Minuten kochen lassen, filtrieren und mit 18 g Kampfergeist vermischen. Aufguß: 24 g Blüten in 1 Liter kochendem Wasser 10 Minuten ziehen lassen, abseihen, abfüllen. Sirup: 75 g Blüten 6 Stunden in 1 Liter kochendem Wasser ziehen lassen, filtrieren und mit 1,5 kg Zucker nochmals aufkochen, abfüllen.

Volksmedizinische Anwendung: Innerlich und äußerlich. Absud als Haarwasser gegen Schuppen. Lotion zur Reinigung und Stärkung der Haut. Aufguß bei krampfhaftem Husten: Täglich 3 Tassen zwischen den Mahlzeiten. Sirup bei Schlaflosigkeit: Abends vor dem Schlafengehen ein Gläschen. Absud für Kompressen bei Blutgefäßerweiterung.

Wermut

Artemisia absinthium

Familie: Korbblütler, Asteraceae.

Stengel: 40–110 cm hoch, mehrere aus einem Wurzelstock, Halbstrauch, aufrecht, ästig, rund bis kantig, graugrün, beblättert, silbrig behaart, am Grunde verholzt.

Blätter: Unten gestielt, die oberen sitzend, 2–3fach gefiedert, tief gelappt, graugrün, beidseitig weißsilbrig behaart, die oberen Blättchen zweifach fiederschnittig, aromatisch.

Blüten: In dichten Trauben an den Zweigenden, Einzelblütchen sehr klein. Köpfchen eiförmig, 3–4 mm lang, nickend, gelb. Kelch graugrün, sitzend, aromatisch, unscheinbar.

Blütezeit: Juli bis September.

Standort: Bis 1800 m, mit Vorliebe auf Silikatgestein, warmen, sandigen Hängen, Wegrainen, Mauern, Schuttplätzen, Blockfluren, Bergwiesen. Ziemlich häufig! Örtlich größere Bestände.

Verbreitung: Alpen (hauptsächlich Mittel- und Südeuropa).

Wirksame Pflanzenteile: Blühende Sproßspitzen, Blättchen.

Sammelzeit: Juli bis September.

Aufbewahrung: Abgeschnittene, blühende Sproßspitzen schattig trocknen und verschlossen aufbewahren.

Inhaltsstoffe: Ätherisches Öl, Absinthen, Harz, Säuren, Gerbstoff, Nitrate, Bitterstoff.

Medizinische Eigenschaften: Antiseptisch, tonisch, verdauungsfördernd, wurmtreibend, anregend, Menstruation regulierend.

Zubereitung: Wermutwein: 40 g getrocknete Blüten und Blättchen in 60 ml 30prozentigem Branntwein und 1 Liter Weißwein 1 Woche ruhen lassen, abseihen, abfüllen. Aufguß: 6 g blühende Sproßspitzen in 1 Liter kochendem Wasser 8 Minuten ziehen lassen. Aufguß zur Wundwaschung: 12 g blühende Sproßspitzen und Blättchen in 1 Liter Wasser 8 Minuten ziehen lassen.

Volksmedizinische Anwendung: Innerlich und äußerlich. Wermutwein gegen Appetitlosigkeit: Vor den Hauptmahlzeiten 1 Gläschen. Aufguß gegen Darmparasiten: 3 Monate lang und 3mal im Monat nüchtern eine Tasse trinken. Aufguß zur Desinfektion von Wunden: Mehrmals täglich die Wunden waschen. Wermuttinktur bei Menstruationsbeschwerden, Gelbsucht, übersäuertem Magen und Durchfall: 90 g Wermutkraut, 15 g Enzianwurzel, 30 g Orangenschalen und 15 g Kalmuswurzel in 1½ Liter Weingeist 6 Tage ziehen lassen, auspressen, filtrieren, täglich mehrmals 20–40 Tropfen.

Vorsicht: In der Anwendung bei stillenden Müttern, ärztliche Verordnung und Anwendungspausen beachten!

Waldakelei

Aquilegia vulgaris

Familie: Hahnenfußgewächse, Ranunculaceae.

Stengel: 30–80 cm hoch, ästig verzweigt, rund, stark, grün, oftmals rot überlaufen, kahl, beblättert.

Blätter: Grundständige Blätter gestielt, doppelt dreiteilig, gekerbt, tief eingeschnitten, sattgrün; Stengelblätter sitzend, Nebenblätter dreiteilig, schmallanzettlich, ebenfalls sitzend.

Blüten: Langgestielt, nickend, groß, 4–8 cm im Durchmesser, fünf Kelchblätter, eiförmig, spitz, fünf lange am Ende gekrümmte Sporne, fünf Kronblätter eiförmig-rund, blauviolett, seltener rosa oder weiß, weit aus der Blüte ragende Staubblätter, goldgelb.

Blütezeit: Mai bis August.

Standort: 800–2000 m, kalkhaltige Böden, Wiesen, lichte Laub- und Mischwälder, Waldrand, Lichtungen, Gebüsche, Auen, Weiden. Ziemlich häufig, gesellig. Geschützt!

Verbreitung: Alpen, Pyrenäen.

Wirksame Pflanzenteile: Blätter, Blüten, Wurzeln, Samen, Stengel.

Sammelzeit: Wurzeln im Mai oder September, Blätter vor der Blüte. Blüten von Mai bis Juli, Samen von September bis Oktober.

Aufbewahrung: Blätter und Wurzeln frisch verwenden. Saft frisch verwenden. Samen rasch, schattig trocknen.

Inhaltsstoffe: Cyanogene, Enzyme, Fettsubstanzen, Glykoside, Vitamin C, Öl, Schleim.

Medizinische Eigenschaften: Adstringierend, antiseptisch, sedativ, abführend, wundreinigend, lindernd bei Milz- und Leberschwellungen sowie Gelbsucht und Menstruationsbeschwerden.

Zubereitung: Saft: Frische Blätter und Blüten auspressen, abseihen, abfüllen. Samen: Getrocknet gegen Verstopfung. Saftherstellung: 400 g frische Blätter zerstoßen, auspressen, in Fläschchen abfüllen. Destillat: Blätter und Stengel mit 10facher Wassermenge vermischt destillieren.

Volksmedizinische Anwendung: Innerlich und äußerlich. Frischer Saft gegen Hautausschläge: 2mal täglich auftragen. Frischer Saft gegen Fisteln. Samen gegen Verstopfung bei Kindern. Akeleidestillat gegen überhöhte Galleansammlung im Magen: täglich 3 Tassen mit 5–10 Tropfen Destillat. Saft gegen Fisteln: mehrmals täglich auftragen.

Vorsicht: Pflanze enthält auch ein Blausäure-Glykosid, ist daher schwach giftig! Innerliche Anwendung nur auf ärztliche Anordnung.

Kleine Brunelle

Prunelle vulgaris

Familie: Lippenblütler, Lamiyceae.

Stengel: 5–20 cm hoch, aufrecht oder aufsteigend, stark, vierkantig, grün, rauhhaarig, beblättert.

Blätter: Grundständig, gestielt, länglich-eiförmig, stumpf, ganzrandig bis unregelmäßig gezähnt, grün, Stengelblätter gegenständig, kurzgestielt oder sitzend, eiförmig, abgerundet, leicht behaart, die obersten knapp unter dem Blütenkopf.

Blüten: In endständig, kopfig gehäufter Scheinähre, Einzelblütchen bis 1,5 cm lang. Kelch zweilippig, Oberlippe flach-helmförmig, blau-violett, seltener rosa oder weiß, Unterlippe ungespalten, etwas heller, vorne mit zwei Zähnen. Staubblättchen aus der Blüte ragend, bewimpert, Deck- und Kelchblätter braun bis rot, behaart.

Blütezeit: Juni–Oktober.

Standort: Bis 2300 m, auf lehmigen, stickstoffhaltigen Böden, Wiesen, steinigen Böschungen, Weiden, Auen, Waldrand, Lichtungen, lichte Gebüsche. Ziemlich häufig! Gesellig.

Verbreitung: Alpen, Apennin, Norwegen.

Wirksame Pflanzenteile: Blätter und blühende Sproße (ganze Pflanze).

Sammelzeit: Juni bis Oktober.

Aufbewahrung: Pflanzenteile schattig, schnell trocknen. Verschlossen aufbewahren.

Inhaltsstoffe: Bitterstoffe, Gerbstoffe, Harze.

Medizinische Eigenschaften: Wundheilend, wundreinigend, adstringierend.

Zubereitung: Absud: 30 g frische Pflanzen in 1 Liter Wasser, 5 Minuten kochen, filtrieren. Absud für Kompressen: 42 g der ganzen Pflanze in 1 Liter Wasser, 10 Minuten kochen lassen. Aufguß: 48 g getrocknete Pflanzen in 1 Liter kochendem Wasser 5 Minuten ziehen lassen, filtrieren. Rohe, zerstoßene Blätter auf die Wunde auflegen.

Volksmedizinische Anwendung: Innerlich und äußerlich. Absud für Gurgelwasser bei Angina: 1 Liter mit Honig süßen über den Tag verteilt gurgeln. Absud für Kompressen bei Hämorrhoiden. Aufguß für Mundspülungen bei Verletzungen der Mundschleimhaut: Täglich 4mal lauwarm verwenden. Rohe zerstoßene Blätter wirken adstringierend, vernarbend und entzündungshemmend bei offenen Wunden.

Bachehrenpreis

Veronica beccabunga

Familie: Braunwurzgewächse Scrophulariaceae.

Stengel: 15–50 cm hoch, niederliegend-aufsteigend, rund, markig, kahl, grün, beblättert, ästig.

Blätter: Gegenständig, sitzend oder kurz gestielt, eiförmig bis elliptisch, stumpf, fein gesägt, grün.

Blüten: In kleineren Trauben an langen Zweigen aus den Blattachseln. Krone verwachsen, 4 Kronblättchen, rundlich, himmelblau, tief gelappt, 5–8 mm Durchmesser. 2 Staubblättchen, gelb, Schlund weiß. Kelchblättchen ziemlich lang, lanzettlich, spitz, grün.

Blütezeit: Mai bis August.

Standort: Bis 2400 m auf unterschiedlichen Böden, Quellfluren, Uferbereiche, schlammige Stellen, nasse Wiesen und Weiden. Nicht häufig, örtlich in Gruppen.

Verbreitung: Alpen, Apennin, Pyrenäen.

Wirksame Pflanzenteile: Blühende Sproßspitzen, Blätter, frisch und getrocknet.

Sammelzeit: Blätter vor der Blüte, Sproßspitzen Mai–Juni.

Aufbewahrung: Im Schatten schnell trocknen, dann verschlossen aufbewahren.

Inhaltsstoffe: Glykosid, Gerbstoff, Bitterstoff, ätherisches Öl, Saponin.

Medizinische Eigenschaften: Wundreinigend, stimmulierend, blutreinigend, harntreibend, magenwirksam, wirkt bei Leber- und Darmleiden, Rheuma, Gicht, Bronchialkatarrh.

Zubereitung: Breiumschlag aus frischen Blättern und zerstoßenen Stengeln: eine Handvoll in Milch 15 Minuten kochen, in Säckchen einfüllen und warm verwenden. Absud: 48 g Blüten und Blätter in 1 Liter Wasser 10 Minuten kochen und 20 Minuten ziehen lassen, lauwarm verwenden. Aufguß: 24 g Sproßspitzen in 1 Liter kochendem Wasser 8 Minuten ziehen lassen.

Volksmedizinische Anwendung: Innerlich und äußerlich. Breiumschlag bei Hämorrhoiden, Hautflechten und Hautgeschwüren. Absud gegen Hautflechte: 2mal täglich die befallenen Hautstellen bestreichen. Aufguß bei Leber-, Darm- und Magenleiden: Täglich 3 Tassen zwischen den Mahlzeiten.

Waldehrenpreis

Veronica officinalis

Familie: Braunwurzgewächse, Scrophulariaceae.

Stengel: 15–30 cm lang, kriechend, Ende und Sproße aufsteigend, rund, zart, grün-braun, stark behaart, beblättert.

Blätter: Wechselständig, kurz gestielt oder sitzend, eiförmig, grün, gekerbt oder unregelmäßig gezähnt.

Blüten: In lockeren Trauben an den aufrechten Sproßen, Einzelblütchen, klein, 6–8 mm Durchmesser. 4 Kronblättchen, das obere rundlich und aufrecht stehend, hellblau seltener rosa, dunkler geadert. Kelch sehr klein, anliegend, grün.

Blütezeit: Juni bis August.

Standort: Bis 1800 m, auf sandigen oder lehmigen Böden, Mischwälder, Lichtungen, Gebüschrand, Wiesen, Auen, Blockhalden. Zerstreut.

Verbreitung: Alpen, Apennin.

Wirksame Pflanzenteile: Blätter, blühende Sproßspitzen.

Sammelzeit: Mai bis Juli.

Aufbewahrung: Ganze Pflanze ohne Wurzel im Schatten trocknen, verschlossen aufbewahren.

Inhaltsstoffe: Bitterstoffe, Aucubin, Gerbstoff, Harz, ätherisches Öl.

Medizinische Eigenschaften: Blutreinigend, wundheilend, appetitanregend, Auswurf fördernd. Wirkt bei Leber-, Magen- und Darmleiden sowie bei Gicht, Rheuma und Blasenkatarrh.

Zubereitung: Absud: 80 g getrocknete, blühende Sproßspitzen in 1 Liter Wasser 10 Minuten kochen lassen, filtrieren. Absud zur Anregung der Leber: 75 g getrocknete Blüten und Blätter in 1 Liter Wasser 8 Minuten kochen lassen, und 12 Minuten ziehen lassen. Aufguß: 36 g blühende Sproßspitzen in 1 Liter kochendem Wasser, 10 Minuten ziehen lassen.

Volksmedizinische Anwendung: Innerlich und äußerlich. Absud zur Appetitsteigerung: täglich 2 Tassen. Absud zur Förderung der Gallensekretion: Täglich 3 Tassen vor den Hauptmahlzeiten. Aufguß bei ungenügender Nierenfunktion: Täglich 3 Tassen. Absud 2–3 Tassen täglich.

Kreuz-Enzian

Gentiana cruciata

Familie: Enziangewächse, Gentianaceae.

Stengel: 15–40 cm hoch, aufrecht oder aufsteigend, stark, rund, grün-braun, oftmals trübrot überlaufen, beblättert.

Blätter: Kreuz-gegenständig, sitzend, scheidig, breit-lanzettlich, ganzrandig, dunkelgrün, fett glänzend, parallelnervig. Grundständige Blätter rosettig, scheidig, bis 12 cm lang.

Blüten: Am Stengelende angehäuft oder aus den oberen Blattachseln, aufrecht stehend, Blütenkelch krugförmig, vier Kronzipfel, auswärts geschlagen, enzianblau, verwachsen, außen braunviolett. Knospen keulenförmig, grün-braun später rot-violett. Vier Staubblättchen, gelb.

Blütezeit: August–September.

Standort: 1100–1700 m, auf kalkhaltigen, lehmigen Böden, Bergwiesen, Weiden, Almböden, magere Matten. Sehr selten! Gesellig.

Verbreitung: Alpen, Apennin.

Wirksame Pflanzenteile: Ganze Pflanze und Wurzel.

Sammelzeit: Wurzel vor der Entfaltung der Pflanze oder im Herbst, blühende Sproßspitzen August bis September.

Aufbewahrung: Wurzel waschen, zerkleinern und wie Sproßspitzen rasch, gut durchgelüftet, schattig trocknen. Wurzel auch in Schnaps aufzubewahren.

Inhaltsstoffe: Bitterstoffglykoside, Gerbstoffe, Farbstoff, fette Öle, Schleim, Alkaloide, Vitamin C, Gentianose.

Medizinische Eigenschaften: Appetitanregend, magenwirksam, tonisierend, lindernd bei Unterleibsschmerzen, wurmtreibend.

Zubereitung: Enzianwein: 35 g getrocknete Wurzel in 1 Liter Weißwein 12 Tage ziehen lassen, filtrieren abfüllen. Tinktur: 45 g Wurzeln 6 Tage lang in 55 ml 60prozentigem Alkohol ziehen lassen, filtrieren, in getönten Flaschen verschlossen aufbewahren. Tee: 25 g blühende Sproßspitzen in 1 Liter kochendem Wasser 10 Minuten ziehen lassen.

Volksmedizinische Anwendung: Innerlich. Enzianwein bei Anämie: Täglich 1 Gläschen vor beiden Hauptmahlzeiten und gleicherart gegen Appetitlosigkeit anwenden. Tinktur gegen Verdauungsstörungen: 25 Tropfen in einem Glas Wasser nach den Mahlzeiten trinken. Tee bei Unterleibsschmerzen: Täglich 3 Tassen trinken.

Gemeines Fettkraut

Pinguicula vulgaris

Familie: Wasserschlauchgewächse, Lentibulariaceae.

Stengel: 5–12 cm hoch, aufrecht, rund, oben umgebogen, grün-braun-rot, zart, kahl.

Blätter: In grundständiger Blattrosette, länglich-eiförmig, 3–7 cm lang, gelbgrün, ganzrandig, leicht eingerollt, fleischig, drüsig-klebrig, die klebrigen Blätter dienen zum Insektenfang (fleischfressende Pflanze!).

Blüten: Endständig, einblütig, nickend, 12–20 cm lang, blauviolett mit weißem Schlundfleck, innen behaart, Oberlippe zweilappig kurz, Unterlippe dreilappig, etwas länger, abgerundet, stumpf, pfrimenförmiger Sporn.

Blütezeit: Mai–Juni.

Standort: 800–2300 m, auf feuchten oder torfigen Böden, Wiesen, Auen, Weiden, auf feuchten Felsbändern, Zwergheidefluren. Zerstreut!

Verbreitung: Alpen, Apennin, Pyrenäen, Norwegen.

Wirksame Pflanzenteile: Blätter frisch und getrocknet.

Sammelzeit: Mai bis Juli.

Aufbewahrung: Blätter rasch, schattig trocknen.

Inhaltsstoffe: Enzyme, Gerbstoff, Rohrzucker, Schleim.

Medizinische Eigenschaften: Erweichend, fiebersenkend, krampflösend, hustenmildernd, narbenbildend.

Zubereitung: Breiumschlag: Frische, zerstoßene Blätter verwenden. Saft zur Haarspülung: Frische Blätter auspressen, nur frisch verwenden. Extrakt: 45 g Blätter in 260 ml kochendem Wasser 12 Stunden ziehen lassen, abseihen, Saft bis zur Verdunstung auf die Hälfte kochen, abfüllen.

Volksmedizinische Anwendung: Innerlich und äußerlich. Breiumschläge bei Hautgeschwür. Saft zur Spülung und Stärkung des Haares. Extrakt zur Linderung bei Keuchhusten: Täglich 3mal 5 Tropfen in einer Tasse Tee trinken.

Gundermann

Glechoma hederaceum

Familie: Lippenblütler, Labiatae.

Stengel: 5–20 cm hoch, bis 60 cm lang, niederliegend-aufsteigend, vierkantig, behaart, grün-braun, beblättert.

Blätter: Gegenständig, gestielt, herzförmig bis rundlich, gekerbt, kahl, grün, die oberen öfters bräunlich überlaufen.

Blüten: In wenig blütigen blattachselständigen Scheinquirlen. Blüten blau bis violett. Krone wesentlich länger als der Kelch. Flache, tief ausgerandete Oberlippe, Unterlippe dreilappig. Vier Staubblättchen, Blüten aufrecht stehend, kurz gestielt.

Blütezeit: März bis Juni.

Standort: Bis 1500 m, auf stickstoffhaltigen Böden, feuchtere Wiesen, lichte Auwälder, Mischwälder, an Rainen und Hecken. Häufig und in größeren Beständen.

Verbreitung: Alpen, fast ganzes südliches Europa.

Wirksame Pflanzenteile: Blätter, ganze Pflanze ohne Wurzel, frischer Saft.

Sammelzeit: April bis Juni, Blätter von der Blüte.

Aufbewahrung: Blätter und Pflanze rasch an der Sonne trocknen, Saft nur frisch verwenden.

Inhaltsstoffe: Ätherisches Öl, Bitterstoff, Gerbstoff, Harz, Kalium, Kohlehydrate.

Medizinische Eigenschaften: Lindert Bronchialbeschwerden, harntreibend, tonisierend, wundheilend.

Zubereitung: Aufguß: 18 g getrocknete Pflanzen in 1 Liter kochendem Wasser, 8 Minuten ziehen lassen. Breiumschlag: Frische Pflanze zerkleinern und auflegen. Zur Inhalation: 12 g der Pflanze in 1 Liter kochendem Wasser 10 Minuten ziehen lassen. Aufguß bei Lungenblähung: 15 g getrocknete Blätter in 1 Liter kochendem Wasser 8 Minuten ziehen lassen.

Volksmedizinische Anwendung: Innerlich und äußerlich. Aufguß bei Asthma: Täglich 1 Liter trinken. Breiumschlag bei Furunkel: Mittels Tuch auflegen, 3mal täglich wechseln. Inhalation bei Katarrh. Aufguß bei Lungenblähung: Menge von 1 Liter pro Tag trinken. Umschlag zur rascheren Wundheilung: Frische zerstoßene Blätter mittels Tuch auflegen, zweimal täglich wechseln.

Kriechender Günsel

Ajuga reptans

Familie: Lippenblütler, Labiatae.

Stengel: 15–25 cm hoch, aufrecht oder aufsteigend, mehrere wurzelschlagende Ausläufer, stark, vierkantig, grün, beblättert, behaart.

Blätter: Grundblätter gestielt, spatelig, gekerbt, grün, braun-rot überlaufen. Obere Stengelblätter gekreuzt-gegenständig, eiförmig, gekerbt, grün, braunrot überlaufen, pyramidenartig in Hochblätter übergehend, behaart.

Blüten: Scheinquirle in den Blattachseln, lange, dichte Ähre, Kronröhre lang, gerade, Oberlippe kurz, Unterlippe dreilappig, blau bis blauviolett, seltener rosa oder weiß.

Blütezeit: Mai bis Juli.

Standort: Bis 2000 m, auf nährstoffreichen, lehmigen Böden, Bergwiesen, Feldraine, Gebüsch- und Waldrand. Zerstreut! Gesellig.

Verbreitung: Alpen, Apennin, fast ganz Europa.

Wirksame Pflanzenteile: Pflanze ohne Wurzel.

Sammelzeit: Zur Blütezeit Mai bis Juli.

Aufbewahrung: Blühende Sproßspitzen rasch und schattig trocknen.

Inhaltsstoffe: Cholin, Gerbstoff, Glykoside, Saponin, Mineralsalze.

Medizinische Eigenschaften: Adstringierend, tonisierend, wundheilend.

Zubereitung: Auszug: 45 g getrocknete, blühende Sproßspitzen, 8 Stunden in 1 Liter Wasser ziehen lassen. Aufguß: 18 g blühende Sproßspitzen in 1 Liter kochendem Wasser 12 Minuten ziehen lassen. Aufguß bei Durchfall: 46 g der getrockneten Pflanze in 1 Liter kochendem Wasser 8 Minuten ziehen lassen. Aufguß bei Weißfluß: 50 g der blühenden Pflanze in 1 Liter kochendem Wasser 12 Minuten ziehen lassen.

Volksmedizinische Anwendung: Innerlich und äußerlich. Auszug für Gurgelwasser bei Angina: Mehrmals täglich anwenden. Aufguß bei Gebärmutterblutungen: Täglich 2 Tassen trinken. Aufguß bei Weißfluß: Täglich eine Scheidenspülung vornehmen. Aufguß bei Verdauungsstörungen (Durchfall): Täglich 2 Tassen trinken.

Immergrün

Vinca minor

Familie: Hundsgiftgewächse, Apocynaceae.

Stengel: Bis 70 cm lang, niederliegend, kriechend, dünn, am Grunde verholzt, verzweigt, oben grün, beblättert.

Blätter: Gegenständig, lanzettlich, lederartig, immergrün, untere gestielt, obere sitzend.

Blüten: Einzeln, gestielt, blattachselständig, aufrecht, flach, fünf Blütenblätter, unsymmetrisch, schief, gestutzt, hellblau bis blaßviolett, weißer Schlundrand, Krone langröhrig, Kelch kurz, anliegend, grün, fünf Staubblätter, zwei Fruchtknoten, zwei Nektardrüsen.

Blütezeit: Mai bis Juli.

Standort: Bis 1500 m, kalkhaltige, lehmige Böden, Laubwälder, Gebüsche, sonnige Bergwiesen. Gesellig! Häufig!

Verbreitung: Alpen, Pyrenäen, Apennin.

Wirksame Pflanzenteile: Blätter.

Sammelzeit: Ganzjährig (zur Aufbewahrung im März).

Aufbewahrung: Blätter gut durchlüftet, rasch, schattig trocknen.

Inhaltsstoffe: Alkaloid, Flavonoide, Gerbstoff, Pektin, organische Säuren, Mineralsalze.

Medizinische Eigenschaften: Adstringierend, antidiabetisch, blutdrucksenkend, gefäßerweiternd, wundheilend.

Zubereitung: Absud: 30 g getrocknete Blätter in 1 Liter Wasser 1 Minute kochen und 15 Minuten ziehen lassen. Immergrünwein: 45 g getrocknete Blätter und 25 g Kamillenblüten in 1 Liter Rotwein 10 Tage ziehen lassen, filtrieren, abfüllen. Absud bei Bluthochdruck: 35 g getrocknete Blätter in 1 Liter Wasser 3 Minuten kochen und 5 Minuten ziehen lassen. Absud bei Diabetes: 30 g getrocknete Blätter in 1 Liter Wasser 2 Minuten kochen und 10 Minuten ziehen lassen.

Volksmedizinische Anwendung: Innerlich und äußerlich. Absud bei Anämie: Täglich 2 Tassen zwischen den Mahlzeiten. Immergrünwein gegen Appetitlosigkeit: 1 Gläschen vor den Mahlzeiten. Absud bei arteriellem Bluthochdruck: Täglich 3 Tassen trinken. Absud bei Diabetes: 10 Tage lang täglich die Menge von 1 Liter einnehmen. Aufguß gegen Brechreiz: Heiß trinken.

Kornblume

Centaurea cyanus

Familie: Korbblütler, Asteraceae.

Stengel: 25–85 cm hoch, aufrecht, steif, kantig, verzweigt, beblättert, flaumig behaart, grün.

Blätter: Schmal lineal, sitzend, die unteren herablaufend, wechsel- und gegenständig, graugrün, bis 8 cm lang und höchstens 6 mm breit.

Blüten: In endständigen einzelnen Körbchen, nur Röhrenblütchen, Randblütchen verlängert und trichterförmig erweitert, leuchtend blau oder leicht rosa. Hüllblättchen klein, grün, Rand weiß bewimpert.

Blütezeit: Juli bis Oktober.

Standort: Bis 1600 m, auf kalkarmen, nährstoffreichen Böden, Getreideäcker, Unkrautfluren, Schuttplätze, Bauerngärten, Rand von Bergwiesen, Weiden. Ziemlich selten!

Verbreitung: Alpen, fast ganz Europa.

Wirksame Pflanzenteile: Blüten, Blätter, Früchtchen.

Sammelzeit: Juni bis August, Früchtchen bis Oktober.

Aufbewahrung: Ganze Pflanzen, bei guter Durchlüftung, rasch im Schatten trocknen.

Inhaltsstoffe: Glykoside, Gerbstoffe, Farbstoff.

Medizinische Eigenschaften: Adstringierend, abführend, blutreinigend, harntreibend, erweichend.

Zubereitung: Aufguß: 42 g Blüten in 1 Liter kochendem Wasser 10 Minuten ziehen lassen. Absud: 30 g getrocknete Blüten in 1 Liter Wasser 12 Minuten kochen lassen. Kornblumenwein: 60 g getrocknete Blüten in 1 Liter Rotwein 8 Tage lang ziehen lassen, filtrieren, abfüllen. Aufguß bei Ödem: 30 g der Pflanze in 1 Liter kochendem Wasser 8 Minuten ziehen lassen. Absud bei Rheumatismus: 24 g Kornblumenpflanze in 1 Liter Wasser 8 Minuten kochen und 5 Minuten ziehen lassen.

Volksmedizinische Anwendung: Innerlich und äußerlich. Aufguß für Kompressen nach Augenbädern. Absud für Augenbad bei Augenbindehautentzündung. Kornblumenwein zur bevorzugten Ausscheidung von Harnsäure: Täglich 2 Gläschen. Aufguß bei Ödem: 3 Wochen lang täglich 3 Tassen trinken. Absud bei schmerzhaftem Rheumatismus: 10 Tage lang täglich 2 Tassen trinken.

Nacktstengelige-Kugelblume

Globularia nudicaulis

Familie: Kugelblumengewächse, Globulariaceae.

Stengel: 5–20 cm hoch, aufrecht oder aufsteigend, stark, rund, unbehaart, grün bis leicht bräunlich.

Blätter: In grundständiger Rosette, keilförmig, lang, ganzrandig, spitz, ledrig, wintergrün, gestielt, in den Stiel verschmälert, nicht selten löffelförmig.

Blüten: Einzelner, endständiger Blütenkopf, Einzelblütchen zweilippig, Oberlippe verkümmert, Unterlippe linealisch, gespalten, lila-hellblau, vier Staubblättchen etwas dunkler, zahlreiche Einzelblütchen, kopfig-kugelig.

Blütezeit: Juni bis August.

Standort: 800–2600 m, auf kalkhaltigen, mageren Böden, steinigen Matten, Almen, Heidekrautflur, Erikabestände, an überwachsenen Felsen, in Nachbarschaft mit Erika und Kreuzblume. Nicht häufig! Gesellig.

Verbreitung: Alpen, Apennin, Pyrenäen.

Wirksame Pflanzenteile: Blätter.

Sammelzeit: Mai bis Juli.

Aufbewahrung: Blätter schnell, gut durchlüftet trocknen.

Inhaltsstoffe: Glykoside, Gerbstoff, Harz, Vitamin C.

Medizinische Eigenschaften: Abführend, gallentreibend, magenwirksam, schweißtreibend.

Zubereitung: Absud: 50 g Blätter in 1 Liter Wasser 5 Minuten kochen, 5 Minuten ziehen lassen, filtrieren. Aufguß: 24 g Blätter in 1 Liter kochendem Wasser 8 Minuten ziehen lassen.

Volksmedizinische Anwendung: Innerlich. Absud bei Verstopfung: 1 Tasse vor dem Schlafengehen trinken. Aufguß bei Unterfunktion der Galle und zur Anregung der Verdauung: Täglich 3 Tassen zwischen den Mahlzeiten.

Vorsicht: Die Pflanze enthält das Glykosid Globularin, schwach giftig! Dosierung genau beachten, nicht frisch verwenden.

Gemeine Küchenschelle

Pulsatilla vulgaris

Familie: Hahnenfußgewächse, Ranunculaceae.

Stengel: 6–35 cm hoch, aufrecht, oberhalb gebogen, rund, kräftig, grün-grau, dicht behaart, beblättert.

Blätter: Grundblätter rosettig, gestielt, zwei- bis dreifach fiederteilig, schmallineale Zipfel, spitz, grün, behaart, zur Blütezeit nicht voll entwickelt. Hochblattquirl, sitzend, ca. auf halber Stengelhöhe, schmal-lanzettliche Abschnitte, spitz, abstehend, grün, flaumig behaart.

Blüten: Einzeln, endständig, groß, 4–6 cm im Durchmesser, sechs Blütenblätter 3–4 cm lang, länglich-eiförmig, parallelnervig, hellviolett, außen zottig behaart, glockig, Spitzen leicht zurückgebogen. Zahlreiche Fruchtknoten mit langen, violetten Narben, umgeben von zahlreichen, goldgelben Staubblättern.

Blütezeit: März bis Mai.

Standort: 800–1700 m, kalkhaltige, steinige Böden, warme Bergwiesen, lichte Föhrenwälder. Ziemlich selten!

Verbreitung: Alpen, Pyrenäen, Jura. Geschützt!

Wirksame Pflanzenteile: Blüten, Blätter.

Sammelzeit: Mai bis Juli, Blüten: März bis Mai.

Aufbewahrung: Schattig und gut durchlüftet trocknen.

Inhaltsstoffe: Protoanemonin, Enzyme, Gerbstoff, Saponin, fettes Öl.

Medizinische Eigenschaften: Harntreibend, krampflösend, sedativ, wirksam bei verhaltener Menstruation. Magenschmerzen, Herzklopfen.

Zubereitung: Aufguß: 18 g getrocknete, pulverisierte Blüten und Blätter in 1 Liter kochendem Wasser 15 Minuten ziehen lassen, filtrieren. Aufguß bei Hautflechte: 24 g verwenden, sonst wie oben zubereiten. Aufguß bei verhaltener Periode und Magenschmerzen: 24 g Blätter in 1 Liter kochendem Wasser 12 Minuten ziehen lassen.

Volksmedizinische Anwendung: Innerlich und äußerlich. Aufguß bei Fieber: Alle 2 Stunden 1 Tasse trinken. Aufguß bei Hautflechte: Morgens und abends die betroffenen Hautstellen bestreichen. Aufguß bei Menstruationsbeschwerden und Magenschmerzen: Täglich 3 Tassen.

Vorsicht: Die Pflanze enthält Protoanemonin und Anemonin und ist daher giftig! Innerliche Anwendung nur auf Verordnung des Arztes!

Bitteres Kreuzblümchen

Polygala amara

Familie: Kreuzblümchengewächse, Polygalaceae.

Stengel: 5–20 cm lang, aufrecht oder aufsteigend, zart, rund, grün, beblättert, oben kahl.

Blätter: Unten rosettig, spatelförmig, Stengelblätter wechselständig, länglich-lanzettlich, oberhalb kleiner werdend, grün, sitzend.

Blüten: In lockerer Traube endständig, Einzelblütchen klein. 5 ungleiche Kelchblättchen, blaßblau oder weiß, seltener violettrosa. 8 Staubblättchen, weiß, 3–6 mm lang, 2–4 mm Durchmesser.

Blütezeit: Mai bis Juli.

Standort: Bis 2400 m, auf kalkhaltigen Böden, Moorwiesen, Bergwiesen, feuchte Stellen, Halbtrockenrasen. Zerstreut, eher selten.

Verbreitung: Alpen, Norwegen.

Wirksame Pflanzenteile: Ganze Pflanze ohne Wurzel.

Sammelzeit: Mai bis Juli.

Aufbewahrung: Pflanzen gut durchlüftet, rasch im Schatten trocknen.

Inhaltsstoffe: Ätherisches Öl, Bitterstoff (Polygamarin), Eiweiß, Öl, Gerbstoff, Pektin, Wachs, Saponin, Palygalasäure, Mineralstoffe.

Medizinische Eigenschaften: Magenwirksam, lindernd bei Darmleiden, lindernd bei Bronchitis.

Zubereitung: Aufguß: 20 g Pflanzen in 1 Liter Wasser 5 Minuten kochen lassen, 10 Minuten ziehen lassen, abseihen.

Volksmedizinische Anwendung: Innerlich. Aufguß bei Verdauungsstörungen zur Anregung der Speicheldrüse: Täglich 3 Tassen zwischen den Mahlzeiten. Absud bei Bronchitis: Täglich 2 Tassen trinken.

Leberblümchen

Hepatica nobilis

Familie: Hahnenfußgewächse, Ranunculaceae.

Stengel: 5–25 cm hoch, aufrecht oder bogig aufsteigend, rund, zart, rot-braun, wollig behaart.

Blätter: Grundständig, langgestielt, groß, dreilappig, Teilblättchen davon ganzrandig, grün, glänzend, immergrün.

Blüten: Endständig, einzeln, 2–4 cm Durchmesser, sechs Kronblätter, verkehrt eiförmig, stumpf, flach ausgebreitet, blau, blaßviolett bis violettrot (je nach Bodenbeschaffenheit), zahlreiche Staubblätter weiß bis gelblich.

Blütezeit: März bis Mai.

Standort: 700–1900 m, auf kalkhaltigen, lehmigen Böden, humusreiche, lichte Wälder, Gebüsch- und Waldrand, Lichtungen. Zerstreut! Örtlich größere Bestände.

Verbreitung: Alpen, Apennin, Pyrenäen.

Bemerkung: Deutscher Name deutet auf die Ähnlichkeit des Blattlappens mit der Leberform hin.

Wirksame Pflanzenteile: Blätter.

Sammelzeit: April bis Juni.

Aufbewahrung: Schattig, gut durchlüftet trocknen.

Inhaltsstoffe: Glykoside, Enzyme, Saponin, Anemol, Protoanomonin, Gerbstoff, Harz, Hepatrilolin.

Medizinische Eigenschaften: Adstringierend, harntreibend, narbenbildend, tonisierend, wirksam bei Leber- und Gallenleiden.

Zubereitung: Aufguß: 25 g getrocknete Blätter in 1 Liter kochendem Wasser 10 Minuten ziehen lassen. Kompressen: Blätter in Wein kochen und warm auflegen.

Volksmedizinische Anwendung: Innerlich und äußerlich. Aufguß bei Gallensteinen: Täglich 2 Tassen trinken. Kompressen zur Wundheilung: Zwei- bis dreimal täglich wechseln.

Vorsicht: Die Pflanze enthält Protoanemonin und ist daher schwach giftig! Nur Blätter genau dosiert verwenden!

Echtes Lungenkraut

Pulmonaria officinalis

Familie: Rauhblattgewächse, Boraginaceae.

Stengel: 10–25 cm hoch, aufrecht, stark, grün, beblättert, rund, mit Borsten und Drüsenhaaren besetzt.

Blätter: Gestielt, herz-eiförmig bis lanzettlich, grün mit weißen Flecken, mit Borsten und Drüsenhaaren besetzt, obere Stengelblätter oval und stengelumfassend.

Blüten: Endständig, lockere Dolde, Einzelblüten ca. 15 mm lang und 12–20 mm im Durchmesser, kelchförmig; Blütenzipfel stumpf, vor der Bestäubung rosa, später blauviolett, seltener weiß; Kelch grün, stark drüsenhaarig, Blüten aufrecht und oftmals zweifärbig an einer Pflanze.

Blütezeit: April bis Juni.

Standort: Bis 1800 m, auf Kalk- und Silikatgestein, Laubmischwälder, Gebüsche, Waldrand, Bachufer, Krautfluren. Ziemlich häufig!

Verbreitung: Alpen, Jura (nördliche und südliche Kalkalpen bevorzugt).

Wirksame Pflanzenteile: Blätter und blühende Sproßspitzen, Wurzel.

Sammelzeit: April bis August, Rosettenblätter nach der Blüte.

Aufbewahrung: Schnell, gut durchlüftet und schattig trocknen. Sproßspitzen auch frisch verwenden. Wurzel waschen, zerkleinern, rasch trocknen, verschlossen aufbewahren.

Inhaltsstoffe: Gerbstoffe, Saponin, Schleimstoffe, Kieselsäure; Fett, Phytosterin, Harz, Invertzucker, Polysaccharide, Mineralstoffe, Kieselsäure.

Medizinische Eigenschaften: Schweißtreibend, adstringierend, harntreibend, erweichend, auswurffördernd.

Zubereitung: Absud: 30 g getrocknete, zerkleinerte Blätter in 1 Liter Wasser 10 Minuten kochen lassen, abseihen, abfüllen. Aufguß: 10 g blühende Sproßspitzen in 1 Liter kochendem Wasser 10 Minuten ziehen lassen. Aufguß bei Hämorrhoiden: 42 g blühende Sproßspitzen in 1 Liter kochendem Wasser 8 Minuten ziehen lassen. Absud bei Hautflechte: 30 g frische, blühende Sproßspitzen in 1 Liter Wasser 5 Minuten kochen, 10 Minuten ziehen lassen.

Volksmedizinische Anwendung: Innerlich und äußerlich. Absud bei Bronchitis: Täglich 2 Tassen trinken. Aufguß bei Durchfall: Täglich 2 Tassen trinken. Aufguß bei Hämorrhoiden: Täglich 2 Tassen trinken. Absud bei Hautflechte: Morgens und abends bestreichen. Pulver aus der Wurzel zur Wundheilung. Aufguß bei Lungenerkrankungen: Täglich 3 Tassen.

Gemeine Ochsenzunge

Anchusa officinalis

Familie: Borretschgewächse, Boraginaceae.

Stengel: 30–90 cm lang, aufsteigend, verzweigt, kantig, grün, oben braun überlaufen, steifhaarig, beblättert.

Blätter: Unten verkehrt eiförmig-lanzettlich, gestielt, obere lanzettlich-zungenförmig, sitzend und kleiner, sattgrün, ganzrandig, teilweise eingerandet, am Stengel gerundet.

Blüten: Mehrere in einseitig eingerollten, endständigem Blütenstand, aus der Achsel eines Tragblattes austretend, Krone strahlig, purpur-violett mit langer Kelchröhre und fünf Schuppen im Schlund, ca. 10 mm breit. Fünf Kronzipfel, eiförmig-stumpf, Kronröhre außen grün-violett, steifhaarig, fünf Staubblätter und oberständiger Fruchtknoten.

Blütezeit: Mai bis September.

Standort: 500–1500 m, auf sandigem, kalkarmen Boden, warme sonnige Hänge, an Mauern, Bergwiesen, Schutt- und Schotterhalden. Selten!

Verbreitung: Alpen, Pyrenäen.

Wirksame Pflanzenteile: Blätter, Blüten.

Sammelzeit: Juni bis August. Blüten: Mai bis September.

Aufbewahrung: Schattig, schnell trocknen.

Inhaltsstoffe: Cholin, Schleimstoffe, Gerbstoffe, Alkaloide, Kaliumnitrat.

Medizinische Eigenschaften: Schweißtreibend, harntreibend, blutreinigend, abführend, erweichend, kühlend, lindernde Umschläge.

Zubereitung: Aufguß: 48 g Blätter und Blüten in 1 Liter kochendem Wasser 12 Minuten ziehen lassen, filtrieren. Aufguß bei Grippe: 30 g Blüten und Blätter in 1 Liter kochendem Wasser 10 Minuten ziehen lassen. Aufguß bei Husten: 30 g Blüten in 1 Liter kochendem Wasser 12 Minuten ziehen lassen, filtrieren, lauwarm verwenden. Aufguß: 24 g Kraut in 1 Liter kochendem Wasser 5 Minuten ziehen lassen.

Volksmedizinische Anwendung: Innerlich und äußerlich. Aufguß zur Entschlackung (Frühjahrskur): 3 Wochen lang täglich 4–6 Tassen, davon eine Tasse morgens nüchtern. Aufguß zur Stärkung bei Grippe: Täglich 3 Tassen. Aufguß bei krampfhaftem Husten: Täglich 3 Tassen zwischen den Mahlzeiten. Aufguß als Tee für Umschläge: Täglich 2–3mal anwenden.

Gemeiner Teufelsabbiß

Succisa pratensis

Familie: Kardengewächse, Dipsacaceae.

Stengel: 20–50 cm hoch, aufrecht, ästig, rund, beblättert, braun-grün, behaart.

Blätter: Gegenständig, gestielt, eiförmig-lanzettlich, ganzrandig, grau-grün, 8–15 cm hoch, bis 3 cm breit, zu den Stielen verschmälert, die oberen sitzend, paarig.

Blüten: Einzeln, endständig an zarten Stengeln, Köpfchen halbkugelig, später kugelig, 15–25 mm Durchmesser, Einzelblütchen vierspaltig, blauviolett, Kronröhre 4–7 mm lang, Außenkelch rauhhaarig.

Blütezeit: Juni–August.

Standort: Bis 1800 m, bevorzugt auf sauren Böden, feuchte Bergwiesen, Flachmoore, feuchte Wälder, Magerrasen, Lichtungen. Zerstreut bis häufig!

Verbreitung: Alpen, Pyrenäen, Apennin.

Wirksame Pflanzenteile: Wurzelstock, Blätter, Blütenköpfe, frischer Saft.

Sammelzeit: Blätter und Blütenköpfe: Juni bis August. Wurzelstock nach der Blüte. Saft zur Blütezeit.

Aufbewahrung: Wurzelstock: Waschen und trocknen, Blätter und Blütenköpfe: schattig, schnell trocknen.

Inhaltsstoffe: Glykoside (Skabiosin und Dipsacan), Alkaloide, Saponin, Polyphenole, Gerbstoff.

Medizinische Eigenschaften: Blutreinigend, adstringierend, wundheilend, tonisierend, magenanregend.

Zubereitung: Sirup: 75 g Blütenköpfe und Blätter in 1 Liter kochendem Wasser 6 Stunden ziehen lassen, filtrieren, mit 1,5 kg Zucker bis zur Sirupkonsistenz leicht kochen lassen. Absud: 50 g der Pflanzenteile in 1 Liter Wasser 5 Minuten kochen und 10 Minuten ziehen lassen, filtrieren, abfüllen. Absud als Gurgelwasser: 50 g getrocknete Blätter in 1 Liter Wasser 10 Minuten kochen, erkalten lassen, und abseihen. Absud: 18 g Wurzeln in 1 Liter kochendem Wasser 8 Minuten ziehen lassen.

Volksmedizinische Verwendung: Innerlich und äußerlich. Sirupgetränk bei Bronchitis: Täglich 3 Kaffeelöffel einnehmen. Absud gegen Hautflechte: Betroffene Hautstellen morgens und abends vorsichtig bestreichen. Gurgelwasser als Mundbad bei Geschwüren der Mundschleimhaut: Zur mehrmaligen Anwendung täglich. Absud zur Wundreinigung und Wundheilung. Tee gegen Spul- und Madenwürmer.

Märzveilchen (wohlriechendes)

Viola odorata

Familie: Veilchengewächse, Violaceae.

Stengel: Kurze, aus der Erde ragende Stämmchen mit 10–20 cm langen, kriechenden Ausläufern, grün, beblättert, Blütenstiele 3–6 mm lang, beblättert.

Blätter: Grundständig, gestielt, breit, rund bis eiförmig, am Grunde tief herzförmig, dunkelgrün, Rand leicht gekerbt, fein behaart, Nebenblätter breit, eiförmig, ganzrandig oder kurz gefranst.

Blüten: Zweiseitig-symmetrisch, auf vierkantigem, oben hakenförmig gebogenem Blütenstiel, dunkelviolett, wohlriechend, fünf grüne Kelch-, fünf Kron-, fünf Staubblätter und ein Stempel. Das untere Kronblatt zu einem ca. 7 mm langen Sporn verlängert und mit dunkleren Saftmalen versehen. Fortsatz der unteren Staubblätter Nektar absondernd.

Blütezeit: März–April.

Standort: 500–1200 m, nährstoffreiche, stickstoffhaltige Böden, trockene Waldränder, Gebüsche, an Felsen, Hecken. Nicht häufig.

Verbreitung: Alpen, Apennin bis Norwegen.

Wirksame Pflanzenteile: Wurzelstock, Blätter, Blüten, Samen.

Sammelzeit: Juli bis September, Blüten: März bis Mai. Samen: Juli bis September.

Aufbewahrung: Wurzel waschen, zerkleinern und wie Blätter und Blüten gut durchlüftet schattig trocknen.

Inhaltstoffe: Saponine, Schleimstoffe, Methylsalicylat.

Medizinische Eigenschaften: Auswurffördernd, abführend, erweichend, schweißtreibend, sedativ, brechreizerregend.

Zubereitung: Aufguß: 30 g Bläter in 1 Liter kochendem Wasser 10 Minuten ziehen lassen.Absud: Mischung von 12 g Veilchenwurzeln und 18 g getrockneten Alantwurzeln in 1 Liter Wasser 2 Minuten kochen und 15 Minuten ziehen lassen. Absud zur Auslösung von Brechreiz: 2 g Wurzelpulver gelöst in 1 Glas Zuckerwasser. Absud bei Husten: 10 g Wurzeln in 1 Liter Wasser 10 Minuten kochen lassen, filtrieren, abfüllen.

Volksmedizinische Anwendung: Innerlich und äußerlich. Aufguß bei entzündeten Augen: Mehrmals täglich waschen. Absud bei Bronchitis: Täglich 2 Tassen trinken. Absud bei Magenverstimmung. Absud bei krampfhaftem Husten: Täglich 3 Tassen zwischen den Mahlzeiten.

Wegwarte

Cichorium intybus

Familie: Korbblütler, Asteraceae.

Stengel: 25–120 cm hoch, aufrecht, verzweigt, ästig, kurzborstig, beblättert, grün, geknickt, stark, gerieft.

Blätter: Grundblätter fiederspaltig, grün, borstig behaart. Stengelblätter lanzettlich, ganzrandig oder leicht gezähnt, halbstengelumfassend.

Blüten: Mehrere unregelmäßig, traubig am Stengel. Blütenkrone flach ausgebreitet, 3–5 cm im Durchmesser, zahlreiche länglich-linealische Zungenblüten, stirnseitig gerade, gezähnt, leuchtend blau bis violett. Zahlreiche kurze Staubblätter, weißgelb bis grau.

Blütezeit: Juli–September.

Standort: Bis 1200 m, auf nährstoffreichen Böden, Wegränder, Schuttplätze, sonnige Hänge, Äcker, Weiden, Matten. Häufig!

Verbreitung: Alpen, fast ganz Europa.

Wirksame Pflanzenteile: Wurzel, Blätter.

Sammelzeit: Wurzel im Herbst. Blätter von Juni bis Herbst, vor dem Erblühen.

Aufbewahrung: Wurzel waschen und wie Blätter schnell trocknen. Saft nur frisch verwenden.

Inhaltsstoffe: Insulin, Glykoside, Bitterstoff Intybin, Eiweiß, Mineralsalze, Aminosäuren, Kohlenhydrate, Vitamin B, C, P und K.

Medizinische Eigenschaften: Blutreinigend, appetitanregend, abführend, fiebersenkend, harntreibend, tonisierend, wirksam auf Leber und Galle, Gallensteine. Zur Blutbildung.

Zubereitung: Saft aus Stengeln und Blättern auspressen. Aufguß: 18 g getrocknete Blätter auf 1 Liter kochendes Wasser. Aufguß: 36 g Wurzeln auf 1 Liter siedendes Wasser. Absud: 18 g Wurzeln auf 1 Liter Wasser 5 Minuten kochen, 10 Minuten ziehen lassen. Absud bei Gelbsucht: 30 g Wurzeln auf 1 Liter Wasser 2 Minuten kochen und 2 Minuten ziehen lassen.

Volksmedizinische Anwendung: Innerlich und äußerlich. Saft zur Nahrungsergänzung bei Anämie: Täglich ca. 100 Gramm. Aufguß zur Appetitsteigerung: Täglich 1 Tasse vor den Mahlzeiten. Blätter als Salat bei Asthenie. Absud oder Aufguß bei Diabetes: Morgens 1 Tasse Absud bei Gelbsucht: Täglich 2 Tassen. Aufguß zur Leber- und Gallenbehandlung: 18 g Blüten in 1 Liter kochendem Wasser 6 Minuten ziehen lassen.

Wacholder

Juniperus communis

Familie: Zypressengewächse, Cupressaceae.

Strauch oder Baum: 0,4–5,0 m hoch, (seltener 10–16 m hohe Bäume), aufrecht, aufsteigend oder niederliegend, strauchartig, dich ästig, rund, holzig, graubraun, junge Zweige dreikantig.

Blätter: Nadeln linealisch, lang, steif, stechend, blaugrün, 10–25 mm lang, quirlig, zu jeweils 3 Nadeln um die Zweige.

Blüten: Meist zweihäusig, männliche zumeist mehrere am Zweigende oder blattachselständig, gelblich; weibliche entwickeln nach der Befruchtung aus den drei oberen Fruchtblättchen die Samen. Scheinbeeren klein (5–8 mm Durchmesser) rundlich, kurz gestielt, blauschwarz, bereift; im ersten Jahr grün, im zweiten Jahr Reifezeit.

Blütezeit: April bis Mai.

Standort: Bis 2200 m, auf trockenen, nährstoffarmen Böden; Auen, lichten Nadelwäldern, sandigen Heiden, Weiden, Mooren, Berghängen. Ziemlich häufig!

Verbreitung: Alpen, ganz Europa.

Wirksame Pflanzenteile: Früchte (Scheinbeeren), junge Zweige.

Sammelzeit: Herbst (August bis November). Scheinbeeren sind reif wenn sie dunkelblau sind, können das ganze Jahr über gesammelt werden.

Aufbewahrung: Beeren rasch, gut durchlüftet, schattig trocknen.

Inhaltsstoffe: Ätherisches Öl, Gerb- und Bitterstoffe, Invertzucker, Cadinen, Camphen, Pinen, Terpineol, Wirkstoffe, organische Säuren.

Medizinische Eigenschaften: Appetitanregend, blutreinigend, harntreibend, Menstruation regulierend, windtreibend, antiseptisch, wirksam bei Gicht, Rheumatismus, Bronchitis, Kopfschmerzen, nervösen Herzbeschwerden.

Zubereitung: Aufguß: 60 g Beeren in 1 Liter kochendem Wasser, 15 Minuten ziehen lassen. Absud bei Akne: 50 g junge Zweige in 1 Liter Wasser 15 Minuten kochen lassen. Wacholderwein: 96 g Beeren in 1 Liter Weißwein 8 Tage lang ziehen lassen, filtrieren, abfüllen.

Volksmedizinische Anwendung: Innerlich und äußerlich. Aufguß bei Darmkatarrh, Magenentzündungen und Magenkrämpfen: Täglich 2 Tassen trinken. Aufguß zur besseren Durchblutung der Haut und Beckenorgane bei Menstruationsbeschwerden: Täglich 3 Tassen. Rohe Beeren gekaut gegen Kopfschmerzen und bei Entschlackungskuren: Täglich 8–10 Beeren acht Wochen lang essen. Absud bei Akne: Täglich die betroffenen Hautstellen zweimal betupfen. Wacholderwein bei Blasenentzündung: Täglich 3 Likörgläschen zwischen den Mahlzeiten trinken.

PROPOLIS – BIENENKITTHARZ

ein pflanzliches Produkt in der Volksheilkunde

Propolis ist ein Gemisch von Baumharzen, z. B. Birken, Erlen, Eschen, Kastanien, Pflaumen, Pappeln, Kirschen, Fichten, Tannen und Kiefern, das von den Bienen gesammelt, als Baustoff verwendet wird und vom Imker gewonnen werden kann.

Chemische Zusammensetzung:

Sie ist je nach Bienenweide verschieden, wobei aber die wichtigsten Inhaltsstoffe konstant vorhanden sind.

Allgemein vorhandene Inhaltsstoffe: 50–55% Harze und Balsame, 25–35% Wachs, 10% aromatische Öle, 5% Blütenstaub, 5% verschiedene organische und mineralische Stoffe. Besonders heilende Wirkung wird den Flavoniden, den Mineralstoffen und den Spurenelementen wie Aluminium, Barium, Calcium, Chrom, Kobalt, Kupfer, Zinn, Eisen, Mangan, Nickel, Blei, Silizium, Strontium, Titan, Vanadium und Zink zugeschrieben.

Die angeführten Elemente spielen im Stoffwechsel der Zellen eine besondere Rolle.

Hauptanwendungsmöglichkeiten:

als Antibiotikum

als Betäubungsmittel

als Wundheilmittel mit zusätzlich entzündungshemmender, immunitätsfördernder Wirkung.

Medizinische Eigenschaften:

Entzündungshemmend, fiebersenkend, wundheilend, blutdrucksenkend, immunitätsfördernd, schmerzlindernd, tonisierend, pilzvertilgend, antitoxisch.

Zubereitung:

Propolis-Tinktur: Zu 100 g 80–96 %igem Alkohol 20 g im Kühlschrank erstarrte Propolis reiben. Die Mischung auf ca. 40 °C erwärmen und gut durchschütteln. Das Durchschütteln während einer Woche täglich sechsmal wiederholen. Am Ende die Lösung filtrieren (Kaffeefilter eignen sich gut dazu) und in ein dunkles Fläschchen abfüllen.

Propolis-Salbe: Propolis, wie es vom Imker gewonnen wird, ist durch Wachs, Staub und andere Bestandteilchen verunreinigt. Die Propolis für Tinkturen und Salben muß daher zuerst aus dieser Mischsubstanz entfernt werden. Man verwendet dazu 80–96 %igen Alkohol, der, auf 40 °C erwärmt, unter ständigem Rühren mit dem noch unreinen Propolisgemisch bis zur Sättigung angereichert wird. Diese Lösung wird durch Filtrieren gereinigt (Kaffeefilter). Die daraus gewonnene Tinktur wird staubfrei zur Verdunstung aufgestellt und kommt zur vollständigen Trocknung in den Kühlschrank. Die gefrorene, harte Propolis kann leicht zerkleinert und in einem Mörser pulverisiert werden. 10–30 % Propolispulver mit Vaselin oder Lanolin gut vermischen und in verschließbare Gefäße abfüllen.

Chemische und physikalische Eigenschaften von Propolis:

Propolispräparate wirken antitoxisch (wichtig für die Lebensmittelindustrie) und bei Pflanzen wachstumshemmend.

Propolis ist unter 15° C starr, um die 30° C herum klebrig-plastisch, schmilzt bei 60–70° C und wird bei 100° C flüssig.

Wird Propolisgemisch vorsichtig im Wasserbad geschmolzen, so ist eine Trennung in den unteren viskosen Teil und den oberen dünnflüssigen Teil (das ist Wachs und andere Teilchen) auch ohne Alkohol möglich.

Anwendung innerlich und äußerlich:

Gegen Darmparasiten und bei Magenschmerzen – 100 ml warmes Wasser mit 50 Tropfen Tinktur – täglich 2mal, nüchtern beginnen! Tinktur bei Entzündungskrankheiten, die Fieber verursachen – 3mal täglich 30 Tropfen in einem Gläschen lauwarmen Wasser; bei hohem Blutdruck (Hypertonie) täglich 30 Tropfen in wenig Wasser bis zur Heilung. Bei Nieren- und Leberentzündung 2mal täglich 40 Tropfen in 100 ml Wasser, jeden zweiten Tag bis zur Heilung. Bei Angina oder Katarrh (Halsentzündung) und bei Erkältung zur Vorbeugung von Folgeerkrankungen täglich 40 Tropfen in 200 ml warmen Wasser trinken und mehrmals täglich gurgeln. Bei Magen- und Darmgeschwür täglich 40 Tropfen in 100 ml warmer Milch nüchtern trinken. Bei Hautwunden die schadhaften Stellen mehrmals täglich mit Tinktur bestreichen oder die Propolissalbe verwenden. Bei Zahnschmerzen kleinen Wattebausch mit Tinktur auf den schmerzenden Zahn geben, auch bei krankhaftem Zahnfleisch wirksam (entzündungshemmend und schmerzstillend). Bei Brandwunden ersten Grades die Wundstellen mit Tinktur bestreichen. Bei Hühneraugen und Hornhaut: über Nacht Wattebausch mit Tinktur auflegen, tagsüber Propolissalbe verwenden. Bei Pilzerkrankungen an den Füßen und Zehen die befallenen Stellen täglich 3mal mit Tinktur bestreichen oder Propolissalbe verwenden. Propolis-Schnaps zur vorbeugenden Wirkung gegen Krankheiten und zur allgemeinen Stärkung: 20 g gereinigtes, im Mörser pulverisiertes Propolis in 1 Liter 40–50 %igem Schnaps auflösen. Die Lösung gut verschließen, auf 40° C erwärmen und mehrmals schütteln. Nach ca. 12 Tagen ist Propolis-Schnaps verwendbar. Anwendung: Abends vor dem Schlafengehen in mehreren Schlückchen 30–40 ml trinken.

Hinweis:

Nach den bisherigen Erfahrungen ruft Propolis bei ungefähr jedem 2000. Menschen Allergie hervor.

Die Dosierung für Kinder ist die Hälfte der Erwachsenendosis.

MEDIZINISCHES REGISTER

MEDIZINISCHES REGISTER

MEDIZINISCHES REGISTER

MEDIZINISCHES REGISTER

MEDIZINISCHES REGISTER

MEDIZINISCHES REGISTER

MEDIZINISCHES REGISTER

HINWEISE ZUM SAMMELN, TROCKNEN UND AUFBEWAHREN

Alle jene, die ihren Heilpflanzenbedarf nicht oder nur teilweise aus der Apotheke decken wollen, können die meisten Pflanzen selber im Alpengebiet sammeln.

Es empfiehlt sich dabei darauf zu achten, daß einige der wichtigsten vollkommen unter Schutz gestellt sind, und das Sammeln einer Genehmigung bedarf. Andere wiederum kommen selten vor und sind auf wenige Standorte beschränkt. Auf solche Pflanzen ist in den botanischen Beschreibungen hingewiesen, daher sollte die Fortpflanzung berücksichtigt werden und von Standorten mit geringen Beständen nur wenige Exemplare entnommen werden!

Um eine optimale Nutzung der Heilkräfte zu erwirken, soll die Ernte zum Zeitpunkt des größten Wirkstoffgehaltes erfolgen. Bei den Wurzeln ist dies hauptsächlich im Frühjahr oder Herbst, bei den Blättern in der Regel vor oder während der Blütezeit der Fall. Blüten sollten kurz vor dem vollen Erblühen und die Beeren oder Früchte zu ihrer vollen Reife eingesammelt werden. Selbstverständlich sind Pflanzen aus noch unberührter Bergwelt wertvoller, als solche aus umweltgeschädigten oder frisch gedüngten Gebieten.

Große Bedeutung kommt nicht nur der Jahreszeit sondern auch der Tageszeit des Sammelns zu. Die in den Pflanzenbeschreibungen und dem Sammelkalender angegebenen Termine sind nicht als unverrückbare Hinweise zu betrachten. Lange Winter, die Schneehöhe und andere Umwelteinflüsse können Verschiebungen der Vegetationsphase bewirken.

Die Verteilung der Wirkstoffe in den einzelnen Pflanzenteilen hängt auch von den Umweltbedingungen und dem Alter der Pflanze ab. Die Drogenstärke ist abhängig vom Standort und vom Zeitpunkt des Sammelns. Der Drogengehalt schwankt nicht nur während der Jahreszeit sondern auch während des Tages. Daher sollen nur junge, kräftige Pflanzen vormittags bei bedecktem Himmel gesammelt werden.

Starke Sonneneinwirkung, Regen oder Tau beeinträchtigen den Drogengehalt und damit den Heilwert. Das Sammeln nach Regenperioden sollte daher erst nach ein, zwei schönen Tagen beginnen.

Die Heilkraft der gesammelten Pflanzen geht mit der Zeit verloren, deshalb soll auch nur für einen Jahresbedarf gesorgt werden, zudem liefert uns die Natur jedes Jahr neue Pflanzen.

Die sachgerechte Konservierung von Heilpflanzen erfordert größte Sorgfalt und beginnt schon beim Sammeln.

Um das Verflüchtigen wertvoller Wirkstoffe zu unterbinden, sollte das Zerdrücken oder Knicken während der Sammeltätigkeit ebenso vermieden werden wie direkte Sonneneinwirkung.

Die wohl häufigste Art der Konservierung ist das Trocknen. Zweckmäßig werden die Pflanzenteile auf sauberem Papier in dünnen Schichten aufgelegt und in gut durchlüfteten Räumen rasch und fast ausnahmslos schattig getrocknet. Starke Blätter, Früchte und Samen sollten auch zwischendurch gewendet oder bei maximal 36° C im Backrohr getrocknet werden. Langstengelige Kräuter kann man lose gebündelt und wie Knollen, Zwiebeln oder Wurzeln hängend trocknen. Die unterirdischen Pflanzenteile werden zu diesem Zweck vorher gewaschen, zerkleinert und auf einem Zwirnsfaden aufgefädelt.

Vor der Aufbewahrung überzeuge man sich, ob die Trocknung ordnungsgemäß erfolgen konnte, und eine Schimmelbildung ausgeschlossen ist. Erfahrungsgemäß benötigen Kraut, Blätter und Blüten einen Trocknungszeitraum von 3–8 Tagen; Wurzeln, Knollen, Zwiebeln und fleischige Früchte bis zu 4 Wochen.

Bei derAufbewahrung gilt dasselbe wie bei der Trocknung, die einzelnen Arten sind streng zu trennen und zu beschriften. Als Aufbewahrungsgefäße eignen sich gut verschließbare Glas- oder Porzellanbehälter. Einige im Textteil angeführte Pflanzenteile können bis zur Anwendung in Olivenöl oder Alkohol verwahrt werden.

HEILPFLANZEN-SAMMELKALENDER

Heilpflanze	*Standort*	*Pflanzenteil*	*Sammelzeit*	*Seite*
Waldakelei	800–2000 m Wiesen Mischwälder Waldrand Lichtungen Gebüsche Auen Weiden	Blätter Blüten Wurzeln Samen Stengel	Vor der Blüte Mai–Juli September– Oktober	226
Echter Alant	800–2000 m moorige Wiesen lehmige Matten Bergwiesen	Wurzelstock	Nach der Blüte Juli– September	142
Alpenrose	1500–3000 m Almen Weiden lichte Wälder Zwergstrauch- heiden Halden Legföhren- bestände	Blätter Blütenknospen	Juni–August Juli–August	12
Arnika	saure, moorige Wiesen Zwergstrauch- heiden Moore Lichtungen Bergwiesen	Zungenblüten Wurzelstock	Juni– September	144

HEILPFLANZEN-SAMMELKALENDER

Heilpflanze	*Standort*	*Pflanzenteil*	*Sammelzeit*	*Seite*
Attich	Bis 1700 m Bergwiesen Auen Staudenfluren Kahlschläge Lichtungen Böschungen Raine	Blätter Blüten junge Rinde Wurzelstock Reife Beeren	Juni–August Juli–August Frühling Herbst	84
Augentrost	Bergwiesen Weiden Matten Felder Raine Hügel lichte Wälder	Ganze Pflanze Sproßspitzen	Juli–Oktober	86
Baldrian	Nadel-, Laubwälder Kahlschläge Lichtungen Bergwiesen Ufergebüsch Auen Hochstauden- fluren	Wurzelstock	Frühjahr oder Herbst	14
Bärlapp Keulenbärlapp	900–2100 m halbschattige Wälder Heidekraut- fluren Heidelbeer- gebiete Lichtungen	Sporen	Juli–Oktober	146

HEILPFLANZEN-SAMMELKALENDER

Heilpflanze	*Standort*	*Pflanzenteil*	*Sammelzeit*	*Seite*
Bärenklau Wiesenbären- klau	Bis 2200 m Bergwiesen Auen Uferbereiche Gebüsch und Waldrand Hochstauden- fluren Wegränder	Wurzeln Blätter Früchte	Herbst Mai–Juli	88
Bärentraube	800–2700 m Nadelwälder alpine Matten an Felsblöcken Schutthalden Felsnischen	Blätter junge Triebe	Mai–August Vor der Blüte	16
Bärlauch	Bis 1500 m Gebüsch und Waldrand Mischwälder Auen Schluchten Krummholz- fluren	Ganze Pflanze Zwiebeln	April–Juni April–Juni	90
Beifuß	Bis 1800 m Abhänge an Mauern Felsfluren Wegraine Auen Weiden Steinlager- stellen	Sproßspitzen Blättchen Wurzeln	Juli–Oktober September– Oktober	148

HEILPFLANZEN-SAMMELKALENDER

Heilpflanze	*Standort*	*Pflanzenteil*	*Sammelzeit*	*Seite*
Beinwell	600–1800 m feuchte Wiesen Quellfluren Uferbereiche feuchte Block- halden Böschungen Schuttbereiche	Wurzelstock	Juni–Juli oder September– Oktober	18
Bibernelle	Bis 2000 m Bergwiesen alpine Matten feuchte Böden Wegraine Waldlichtungen	Wurzeln Ganze Pflanze	Vor der Blüte oder im Herbst Juni– September	92
Blutweiderich	Bis 1200 m nasse Wiesen Flachmoore Sumpfbereiche Fluß-, Seeufer Schuttbereiche	Beblätterte Stengel Sproßspitzen	Juni–Oktober	20
Blutwurz	Bis 2500 m saure Heiden Flachmoore Bergwiesen lichte Laub- wälder Mischwälder Magerrasen Kieshalden	Wurzel	März–April	150

HEILPFLANZEN-SAMMELKALENDER

Heilpflanze	*Standort*	*Pflanzenteil*	*Sammelzeit*	*Seite*
Bocksbart	Bis 2200 m Felder Wiesen Raine Weiden Auen Wald und Gebüschrand Matten	Wurzel Blätter	Mai–Juni	152
Brunelle	Bis 2300 m Wiesen Böschungen Weiden – Auen Lichtungen Waldrand Raine	Blätter blühende Sprosse	Juni– Oktober	228
Silberdistel	Bis 2800 m Bergwiesen Weiden grasige Hänge Auen Matten	Wurzel	September– November	94
Echter Dost	Bis 2000 m steinige Böden Bergwiesen Hänge Geröllhalden Waldrand Zwergstrauch- heiden	Sproßspitzen Blätter	Juli– September	22

HEILPFLANZEN-SAMMELKALENDER

Heilpflanze	*Standort*	*Pflanzenteil*	*Sammelzeit*	*Seite*
Wasserdost	600 bis 1800 m Laub- u. Mischwald Kahlschläge Uferbereiche Auen	Blätter Wurzel	Vor der Blüte Juli– September Frühling oder Herbst	24
Eberesche	Bis 2300 m Mischwälder Alleen Auwälder Hochmoore Hochstaudenfluren Böschungen Grünerlenbestände	Blätter Früchte	Vor der Blüte Mai bis Juli September– Oktober	26
Edelraute	1700–3600 m Felsspalten Felswände Blockhalden Moränen	Wurzeln blühende Pflanzenteile	Juli– September	154
Bachehrenpreis	Bis 2400 m Quellfluren Uferbereiche Schlammbereiche nasse Wiesen Weiden	Sproßspitzen Blätter	Mai–Juni Vor der Blüte	230

HEILPFLANZEN-SAMMELKALENDER

Heilpflanze	*Standort*	*Pflanzenteil*	*Sammelzeit*	*Seite*
Waldehren- preis	Bis 1800 m sandige, lehmige Böden Mischwälder Lichtungen Gebüschrand Auen, Wiesen	Blätter blühende Sproßspitzen	Mai–Juli Juni–August	232
Eibisch	Bis 900 m feuchte Böden Hänge Heckenrand Binsenwiesen Feuchtwiesen Schuttbereiche	Wurzel Blätter Blüten	Herbst Juni Juli–August	28
Gelber Enzian	1100–2500 m kalkhaltige Böden Bergwiesen Blockhalden Weiden Almen Hänge Matten	Wurzeln	September– November	156
Kreuzenzian	1100–1700 m kalkhaltige Böden Bergwiesen Weiden Almböden magere Matten	Wurzel ganze Pflanze	Juli oder Herbst August– September	234

HEILPFLANZEN-SAMMELKALENDER

Heilpflanze	*Standort*	*Pflanzenteil*	*Sammelzeit*	*Seite*
Punktierter Enzian	1500–2800 m auf Kalk- und Silikatgestein Bergwiesen Almen Lägerstellen alpine Rasen	Wurzeln	August–November	158
Engelwurz	800–2800 m Kalk- u. Silikatgestein Waldrand Auen feuchte Wiesen Schluchten Lichtungen Gebüsche Blockfluren	Wurzel Stengel Blätter Früchte	Herbst Juli–August Juni–Juli Herbst	160
Erdbeere	Bis 1800 m Kahlschläge Waldrand Lichtungen Bergwiesen Böschungen	Wurzelstock Blätter Scheinfrüchte	Mai–Juni Mai–Juni Juni–Juli	96
Erdrauch	Bis 1400 m Schutthalden Steinbrüche Unkrautbestände Weinberge Hecken Waldränder	Ganze Pflanze Blüten	Mai–September	30

HEILPFLANZEN-SAMMELKALENDER

Heilpflanze	*Standort*	*Pflanzenteil*	*Sammelzeit*	*Seite*
Fetthenne	Bis 1700 m Kalk- u. Silikat- gestein Waldrand Gebüschrand Mauern Raine Blockhalden Abhänge	Ganze Pflanze	Juni–Juli	32
Fettkraut	800–2300 m feuchte, torfige Böden Wiesen Auen Weiden Felsbänder Zwergheide- fluren	Blätter	Mai–Juli	236
Fieberklee	600–1200 m moorige Böden Hochmoore torfige Berg- wiesen stehende Gewässer Uferbereiche	Blätter	Mai–Juni	98
Gänsefinger- kraut	Bis 1300 m lehmige Böden Wegränder Bergwiesen Blockhalden Böschungen	Wurzelstock Blätter Blüten	Juni– September	164

HEILPFLANZEN-SAMMELKALENDER

Heilpflanze	*Standort*	*Pflanzenteil*	*Sammelzeit*	*Seite*
Kriechendes Fingerkraut	800–1700 m stickstoffreiche Böden Weiden Bergwiesen Almen feuchte Wiesen Wegraine Schuttplätze Weinberge	Wurzelstock Blätter	September–November	162
Frauenmantel	Bis 2500 m Kalk- u. Silikatgestein Bergwiesen Blockfluren Weiden an Steinblöcken Uferbereiche Gräben Quellgebiete	Ganze Pflanze	Juni–September	166
Gamander	800–2200 m Kalk- u. Dolomitgestein Bergwiesen Weiden Gebüschrand Blockfluren	Blätter Sproßspitzen	Mai–September	34
Gänseblümchen	Bis 2500 m Wiesen Weiden Auen – Raine Lichtungen Wegränder Parkrasen	Blätter Blüten	Ganzjährig	100

HEILPFLANZEN-SAMMELKALENDER

Heilpflanze	*Standort*	*Pflanzenteil*	*Sammelzeit*	*Seite*
Gilbweiderich	Bis 1600 m Kalk- u. Silikatgestein Flachmoore feuchte Lichtungen Uferbereiche Weiden Gebüsch- u. Waldrand	Blätter Blüten	Juni–August	168
Goldrute	800–2400 m kalkhaltige Böden Bergwiesen Steinhalden Almen Abhänge Kahlschläge Lichtungen Waldränder	Stengel Blätter Sproßspitzen	Juni–Oktober	170
Gundermann	Bis 1500 m stickstoffhaltige Böden feuchtere Wiesen lichte Auwälder Mischwälder Raine – Hecken	Ganze Pflanze Blätter	April–Juni Vor der Blüte	238
Kriechender Günsel	Bis 2000 m lehmige Böden Bergwiesen Feldraine Gebüsch- und Waldrand	Ganze Pflanze ohne Wurzel	April–Juli zur Blütezeit	240

HEILPFLANZEN-SAMMELKALENDER

Heilpflanze	*Standort*	*Pflanzenteil*	*Sammelzeit*	*Seite*
Habichtskraut Kleines	1000–3000 m trockene Böden Felsschutt magere Matten Geröllhalden Bergwiesen Weiden	Ganze Pflanze mit Wurzel	Juni–Oktober	172
Hauhechel Dornige	Bis 1800 m kalkhaltige Böden Bergwiesen Hochwälder Almen	Wurzel Blätter Blüten	Mai–Oktober Juni–Juli	36
Hauswurz Alpen-	1200–2400 m Kalk- u. Schiefergestein Felsfluren Blockhalden Bergwiesen an Felsen Hänge	Blätter	Juli–August	38
Heidekraut	Bis 2500 m Flach- und Hochmoore Heiden sandige Matten Wiesen Magerrasen Kiefernwälder Nadelforste Bergwiesen	Sproßspitzen mit Blättchen	Juli–Oktober	40

HEILPFLANZEN-SAMMELKALENDER

Heilpflanze	*Standort*	*Pflanzenteil*	*Sammelzeit*	*Seite*
Hohlzahn Gemeiner	Bis 1300 m kalkhaltige Böden Schuttstellen Böschungen Äcker Gebüsch Waldrand Lägerstellen Futterstellen	Blühende Pflanze	Juni–Oktober	174
Hornklee Wiesen-	Bis 1600 m kalkhaltige Böden Wiesen Weiden Magerrasen Bergwiesen	Ganze Pflanze Blüten	Mai–August Juni–August	176
Hundsrose	Bis 1700 m Hecken Wegränder Waldrand Weiden Auen steinige Wiesen	Blätter Blütenknospen Hagebutten	Mai–Juni Juni–Juli August– November	42
Huflattich	Bis 2400 m Bachufer Böschungen Dämme Verlandungs- gebiete Sandbänke Lägerstellen Geröllhalden Weiden	Wurzeln Blätter Blütenköpfchen	März–Juli Juli–August März–August	178

HEILPFLANZEN-SAMMELKALENDER

Heilpflanze	*Standort*	*Pflanzenteil*	*Sammelzeit*	*Seite*
Immergrün	Bis 1500 m kalkhaltige Böden Laubwälder Gebüsche Bergwiesen	Blätter	Ganzjährig im März zur Aufbewahrung	242
Isländisch Moos	Bis 2600 m Moore magere Berg- wiesen Almen bewachsene Grate feuchte Weiden Heiden	Ganze Pflanze	Ganzjährig	180
Johanniskraut Tüpfel	Bis 1500 m warme feuchte Wiesen Mischwälder Lichtungen Gebüschränder Böschungen Raine	Blätter blühende Sproßspitzen	Vor der Blüte Mai–August	182
Echte Kamille	Bis 1700 m Augebiete Schuttplätze Rasen Böschungen Äcker	Blütenköpfchen	Mai– September	102

HEILPFLANZEN-SAMMELKALENDER

Heilpflanze	*Standort*	*Pflanzenteil*	*Sammelzeit*	*Seite*
Roßkastanie	Bis 1500 m Kalk- und Silikatböden Gärten Alleen meist angepflanzt	Rinde junger Zweige Samen	April–Mai Oktober–November	104
Katzen-pfötchen	Bis 3000 m Moorwiesen Halbtrocken-rasen Waldlichtungen Bergwiesen Weiden Matten	Blütenköpfchen	Mai–Juli	44
Steinklee	Bis 1500 m stickstoffhaltige Böden sonnige Wiesen Unkraut-bestände Wegränder Schuttplätze Auen Steinbrüche	Blühende Sproßspitzen	Juni–September	188
Wundklee	1400–2900 m steinige, magere Böden Bergwiesen steinige Hänge Grate Felsbänder Almwiesen	Pflanze mit Blüten	Juni–August	190

HEILPFLANZEN-SAMMELKALENDER

Heilpflanze	*Standort*	*Pflanzenteil*	*Sammelzeit*	*Seite*
Klette, Große	Bis 1700 m Uferbereiche Schuttplätze Hecken Blockhalden	Wurzeln Blätter Samen	Herbst Mai–Juni Juli– September	46
Knabenkraut Männliches	800–1800 m kalkhaltige und saure Böden nasse Wiesen Weiden Auen feuchte Matten Bergwiesen	Knollen	Nach der Blüte Mai–August	48
Knoblauchs- rauke	Bis 1000 m feuchte Böden Uferbereiche Schuttplätze Gebüschrand Wegraine Auen	Ganze Pflanze ohne Wurzel	Juni–August	106
Schlangen- knöterich	Bis 2400 m feuchte Böden Wiesen, Weiden lichte Wälder Hochstauden- fluren Bergwiesen Lägerstellen	Wurzelstock	September– Oktober	50

HEILPFLANZEN-SAMMELKALENDER

Heilpflanze	*Standort*	*Pflanzenteil*	*Sammelzeit*	*Seite*
Königskerze Großblütige	Bis 1700 m steinige Böden Schuttplätze Waldrand Kahlschläge Bahndämme Bergwiesen Böschungen Geröllhalden	Blätter Blüten	Juni–August Juli– September	184
Königskerze Kleinblütige	Bis 1800 m auf Kalk- und Silikatgestein Bergwiesen Schuttplätze Raine Bahndämme Kahlschläge Unkrautfluren	Blätter Blüten	Juni– September Juli– September	186
Kornblume	Bis 1600 m kalkarme Böden Getreideäcker Unkrautfluren Schuttplätze Bauerngärten Bergwiesen	Blätter Blüten Früchtchen	Mai–Juni Juli–August bis Oktober	244
Kreuz- blümchen Bitteres	Bis 2400 m kalkhaltige Böden Moorwiesen Bergwiesen feuchte Stellen Halbtrocken- rasen	Ganze Pflanze ohne Wurzel	Mai–Juli	250

HEILPFLANZEN-SAMMELKALENDER

Heilpflanze	*Standort*	*Pflanzenteil*	*Sammelzeit*	*Seite*
Küchenschelle Gemeine	800–1700 m kalkhaltige Böden warme Bergwiesen lichte Föhrenwälder steinige Halden	Blätter Blüten	Mai–Juli März–Mai	248
Kugelblume	800–2600 m kalkhaltige Böden steinige Matten Almen Heidekrautfluren an Felsen	Blätter	Mai–Juli	246
Labkraut Echtes	Bis 1700 m kalkhaltige Böden Magerrasen Bergwiesen Wegränder Föhrenwälder Matten Gebüschrand	Blühende Sproßspitzen	Mai–September	192
Leberblümchen	700–1900 m kalkhaltige, lehmige Böden lichte Wälder Gebüsch und Waldrand Lichtungen	Blätter	April–Juni	252

HEILPFLANZEN-SAMMELKALENDER

Heilpflanze	*Standort*	*Pflanzenteil*	*Sammelzeit*	*Seite*
Löwen- schwanz	Bis 1600 m Kalk- u. Silikat- gestein Unkrautfluren Schuttplätze Auen Kahlschläge Wegrand Raine – Hecken	Blühende Sproßspitzen	Juli– September	52
Löwenzahn Gemeiner	Bis 1800 m stickstoff- haltige Böden Wiesen – Felder Schuttplätze Gärten Wegrand Weiden	Wurzelstock Blätter	Vor der Blüte Mai–Juni	194
Lungenkraut Echtes	Bis 1800 m Kalk- u. Silikat- gestein Laubmisch- wälder Gebüsche Waldrand Bachufer Krautfluren	Wurzel Blätter blühende Sproßspitzen	April–August	254
Mädesüß Echtes	Bis 1400 m feuchte, lehmige Böden nasse Wiesen Flachmoore Bergwiesen Auen Waldränder Bachufer	Wurzelstock Blätter Sproßspitzen Blüten	Vor oder nach der Blüte Juli– September Juni–August Juni–August	196

HEILPFLANZEN-SAMMELKALENDER

Heilpflanze	*Standort*	*Pflanzenteil*	*Sammelzeit*	*Seite*
Maiglöckchen	600 bis 2200 m warme Böden lichte Wälder Auen Bergwiesen Haselnuß- stauden- gebüsche Bachrand	Blätter Blüten	April–Juni Mai–Juni	108
Malve Wilde (Roßmalve)	Bis 1000 m trockene Böden Hecken Mauern Schutthalden Böschungen Unkrautfluren	Wurzel Blätter Blüten	Herbst Mai–Juni vor der Blüte Vor dem vollen Erblühen Juli– Oktober	54
Meisterwurz	1100–2600 m Kalk- u. Silikat- gestein Bergwiesen Blockfluren Grünerlen- bestände Lichtungen Legföhren- bestände Schluchten Lägerstellen	Wurzelstock	Mai–Juni oder September– November	110

HEILPFLANZEN-SAMMELKALENDER

Heilpflanze	*Standort*	*Pflanzenteil*	*Sammelzeit*	*Seite*
Pfefferminze	Bis 1500 m Bauerngärten Steinab- lagerungen Schuttplätze Steinbrüche Weiden – Raine Bergwiesen	Blätter blühende Sproßspitzen	Juni–August September	58
Roßminze	Bis 1800 m Kalk- u. Silikat- gestein lehmige Böden Quellfluren feuchte Auen Uferbereiche Bergwiesen Weiden	Blätter blühende Sproßspitzen	Juli–Oktober Juli– September	56
Mutterkraut	Bis 1200 m warme Böden Waldrand Lichtungen Wegraine Gärten Schuttplätze	Blätter blühende Sproßspitzen	Juni–August Mai–August	112
Nachtkerze Echte (Gemeine)	Bis 1000 m kiesige Böden an Föhren- wäldern Straßen- böschungen Kiesgruben Dämme – Auen Steinbrüche sandige Wiesen	Wurzel Blätter	Mai–Juni Juni– September	198

HEILPFLANZEN-SAMMELKALENDER

Heilpflanze	*Standort*	*Pflanzenteil*	*Sammelzeit*	*Seite*
Nachtschatten Bittersüßer	Bis 1800 m stickstoffreiche Böden lichte Mischwälder Blockhalden Hochstaudenfluren Grünerlenbestände Weiden	Rinde junger Zweige Stengel Blätter	Juni–August vor der Blüte Nach dem Blattabfall Nach der Blüte Juli–September	60
Nachtviole	Bis 1500 m tiefgründige Böden halbschattige Wiesen feuchte Hänge Hecken Wegrand Steinbrüche	Ganze Pflanze ohne Wurzel	Mai–August	62
Nelkenwurz Echte	Bis 1600 m feuchte, stickstoffhaltige Böden Gärten Bergwiesen Laubwälder Gebüsche Böschungen Schuttplätze an Hecken Lichtungen	Wurzelstock Blätter	April–Mai Mai–September	200

HEILPFLANZEN-SAMMELKALENDER

Heilpflanze	*Standort*	*Pflanzenteil*	*Sammelzeit*	*Seite*
Ochsenzunge Gemeine	500–1500 m kalkarme Böden warme Hänge an Mauern Böschungen Bergwiesen Schutt- u. Schotterhalden sandige Plätze	Blätter Blüten	Juni–August Mai–September	256
Pestwurz Gemeine	Bis 2000 m kalkhaltige Böden Bachufer lehmige Weiden Schneetälchen Waldränder Lawinen-schluchten	Wurzelstock Blätter Blüten	Vor der Blüte März–Mai April–Mai März–Mai	66
Pfennigkraut	Bis 1200 m feuchte Lehmböden Quellfluren Uferbereiche halbschattige Wiesen Laubwälder Matten Weiden Auwälder	Ganze Pflanze	Mai–August	202

HEILPFLANZEN-SAMMELKALENDER

Heilpflanze	*Standort*	*Pflanzenteil*	*Sammelzeit*	*Seite*
Pfingstrose	Bis 1700 m auf Kalk- und Dolomitgestein Bergwiesen Matten Stein- u. Flaumeichen- gebüsche Waldrand warme Halden trockene Hänge	Wurzel Blüten	April–Mai oder August– September Mai–Juni	64
Wiesenprimel	800–2200 m warme Böden Bergwiesen Weiden lichte Laub- und Mischwälder sonnige Hänge steinige Halden	Wurzelstock Blätter Blüten	Im Herbst April–Juni April–Mai	204
Rainfarn	Bis 1800 m sandige Böden Bahndämme Böschungen Kahlschläge Schuttplätze Straßenrand Blockfluren	Blätter blühende Sproßspitzen Samen	Juni–Juli Juli– September September– Oktober	206

HEILPFLANZEN-SAMMELKALENDER

Heilpflanze	*Standort*	*Pflanzenteil*	*Sammelzeit*	*Seite*
Ruprechts-storchen-schnabel	Bis 1800 m stickstoffhaltige Böden Schutt- und Geröllhalden an Steinhaufen an Felsblöcken lichte Misch-wälder an Mauern Raine	Ganze Pflanze	Mai–August	68
Salbei, Echter	Bis 1000 m unterschied-liche Böden Bauerngärten warme Halden feuchte Hänge	Blätter blühende Sproßspitzen	Vor der Blüte Mai–August	70
Schachtelhalm Acker-	Bis 2400 m lehmige Böden feuchte Wiesen magere Böden Uferbereiche Ackerrand Raine Schuttplätze	Ganze Pflanze ohne Wurzel	April–Juli	210
Wiesen-schafgarbe Gemeine	Bis 2700 m Bergwiesen Felder Wegraine Weiden Halbtrocken-rasen	Blätter blühende Sproßspitzen Früchtchen	Mai–Juni Juni–Juli September–Oktober	116

HEILPFLANZEN-SAMMELKALENDER

Heilpflanze	*Standort*	*Pflanzenteil*	*Sammelzeit*	*Seite*
Scharbocks-kraut	Bis 1200 m tiefgründige nährstoffreiche Böden feuchte Auen Laubwälder Gebüsche Weiden Einfriedungen	Blätter Brutknöllchen	März–Mai Juni–September	212
Schaumkraut Bitteres	Bis 2600 m Quellfluren feuchte Bergwiesen nasse Felsen feuchte Geröllhalden Uferbereiche	Ganze Pflanze ohne Wurzel	Mai–September	118
Schlehdorn	Bis 1700 m Hecken Wegrand Waldrand Feldgehölze	Blätter Blüten Früchte Rinde	Juni–Juli Mai–Juni September–November Frühling oder Herbst	120
Schöllkraut Großes	Bis 1500 m feuchte, nährstoffreiche Böden halbschattige Matten Gebüsch- und Waldrand an Mauern Unkrautfluren	Wurzelstock Blätter	Herbst Juni–August	214

HEILPFLANZEN-SAMMELKALENDER

Heilpflanze	*Standort*	*Pflanzenteil*	*Sammelzeit*	*Seite*
Sanddorn	Bis 1800 m sandige Böden Auen Kiesbänke Böschungen lichte Föhren- wälder Unkrautfluren warme Hänge	Scheinbeeren	September– November	208
Sauerklee	Bis 2100 m humusreiche Böden lichte Wälder Gebüsche Auen Weiden Waldrand	Wurzeln Blätter	April–Mai Mai–August	114
Seerose	Bis 1600 m stehende und langsam fließende Gewässer Teiche Moorseen	Wurzelstock Blüten	Mai–Juni Juni–August	122
Seifenkraut Echtes	Bis 1400 m Bergwiesen Wegränder Ufergelände Gebüschränder Hecken Dämme Schutthalden Auen	Wurzeln Blätter	Herbst nach der Blüte Vor der Blüte ab Juli	124

HEILPFLANZEN-SAMMELKALENDER

Heilpflanze	*Standort*	*Pflanzenteil*	*Sammelzeit*	*Seite*
Siegwurz Allermanns-harnisch	1600 bis 2800 m Bergwiesen bewachsene Grate warme Abhänge Latschen-gebüsch	Blätter	Mai–Juni	216
Silberwurz	800–2400 m kalkhaltige steinige Böden Bergwiesen Verlandungs-gebiete Auen Moränen Weiden an Steinblöcken	Wurzeln Blätter	April–Juni Juni–August	126
Sonnentau Rundblättriger	Bis 2000 m Hochmoore Moorwiesen feuchte Torf-gebiete Moosgebiete ruhende Gewässer	Ganze Pflanze ohne Wurzel	Juni–September	128
Stiefmütter-chen, Echtes	Bis 2400 m magere,leh-mige Böden Böschungen Wiesenrain Felder an Mauern Geröllhalden Weiden	Wurzel Pflanze Blüten	Mai–Juni Mai–Juni Juni–August	218

HEILPFLANZEN-SAMMELKALENDER

Heilpflanze	*Standort*	*Pflanzenteil*	*Sammelzeit*	*Seite*
Sumpfdotter- blume	Bis 2000 m wasserreiche Stellen Sumpfland- schaften Bachufer Quellfluren nasse Weiden	Blätter	April–Juni	220
Taubnessel Weiße	Bis 1800 m stickstoffreiche Böden Äcker Hecken Unkraut- bestände Schuttplätze Lägerstellen	Blätter blühende Sproßspitzen Blüten	Mai–Juli April–Oktober April–Oktober	130
Tausend- guldenkraut Echtes	Bis 1200 m warme Berg- wiesen sonnige Matten Halbtrocken- rasen lichte Wälder	Ganze Pflanze mit Blüten Wurzeln	Juni–August Mai–Juni oder September	72
Teichrose Gelbe Große Mummel	Bis 1500 m stehende Gewässer Teiche Moorseen	Wurzelstock Blüten	Juni– September Juni–August	222

HEILPFLANZEN-SAMMELKALENDER

Heilpflanze	*Standort*	*Pflanzenteil*	*Sammelzeit*	*Seite*
Teufelsabbiß	Bis 1800 m saure Böden feuchte Berg- wiesen Flachmoore Magerrasen Lichtungen	Wurzelstock Blätter Blütenköpfe	August– September Juni–August Juni–August	258
Thymian Feldthymian	700–3000 m steinige Böden warme Böschungen Bergwiesen Geröllhalden an Felsen Abbrüchen	Blühende Sproßspitzen	Juni–Oktober	74
Veilchen Echtes	500–1200 m stickstoffhaltige Böden Waldränder Gebüsche an Felsen Bergwiesen	Wurzelstock Blätter Blüten Samen	März–April April–Mai März–Mai Juli– September	260
Wacholder	Bis 2200 m magere Böden Auen, Weiden lichte Nadel- wälder sandige Heiden Moore Berghänge	Junge Zweige Scheinbeeren	Frühling August– November	264

HEILPFLANZEN-SAMMELKALENDER

Heilpflanze	*Standort*	*Pflanzenteil*	*Sammelzeit*	*Seite*
Waldmeister	Bis 1600 m humöse Böden lichte Mischwälder Gebüsche Auen	Ganze Pflanze	Vor der Hauptblüte Mai–Juli	132
Wegerich Mittlerer	Bis 2300 m Bergwiesen Böschungen Wegraine Weiden Auen	Ganze Pflanze Früchtchen	April–Juni vor der Hauptblütezeit August–September	136
Spitzwegerich	Bis 1800 m lehmige, sandige Böden Bergwiesen Wegraine Weiden Schuttfluren Uferbereiche	Ganze Pflanze Früchtchen	April–Juni vor der Hauptblütezeit Juli–September	138
Wegwarte	Bis 1200 m nährstoffreiche Böden Wegränder Schuttplätze sonnige Hänge Weiden Matten Waldrand	Wurzel Blätter	Herbst September–Oktober Juni–September	262

HEILPFLANZEN-SAMMELKALENDER

Heilpflanze	*Standort*	*Pflanzenteil*	*Sammelzeit*	*Seite*
Weiden- röschen Schmal- blättriges	800–2600 m steinige Böden Geröllhalden Bergwiesen Lichtungen Bachufer Böschungen Auen Lichtungen	Wurzelstock Blätter Blüten	Herbst September– Oktober August– September Juli– Oktober	76
Weißwurz Salomonsiegel	600–2000 m kalkhaltige lehmige Böden Haselnuß- gebüsche Waldrand Lichtungen Maiglöckchen- bestände	Wurzel	Herbst August– September	134
Wermut	Bis 1800 m auf Silikat- böden warme Böden Böschungen Wegraine an Mauern Schuttplätze Bergwiesen	Blättchen blühende Sproßspitzen	Juli– September Juli– September	224
Wiesenknopf Großer	Bis 1800 m feuchte, lehmige Böden Naßwiesen Moore Torfgebiete Bergwiesen	Wurzel blühende Pflanze	Vor der Blüte Mai–Juni Juni–August	78

HEILPFLANZEN-SAMMELKALENDER

Heilpflanze	*Standort*	*Pflanzenteil*	*Sammelzeit*	*Seite*
Zaunwinde	Bis 1000 m nährstoffreiche Böden an Gebüschen an Zäunen Waldrand Auen Schuttfluren Ufer Weiden-gebüsche	Wurzeln Blätter	Herbst September–Oktober Juni–Juli	140
Heilzist	Bis 1800 m zeitweise feuchte Böden Bergwiesen sandige Weiden lichte Wälder Auen, Moore Schotterhalden	Wurzeln Blätter	Mai–Juni Kurz vor dem Mähen der Wiesen	80
Waldzist	Bis 1700 m stickstoffreiche feuchte Böden halbschattige Waldränder Auen Quellfluren Weiden Schluchten	Wurzeln Blätter blühende Sproßspitzen	Mai–Juni Vor dem Verblühen Juni–September	82

PFLANZENREGISTER

PFLANZENREGISTER

PFLANZENREGISTER

PFLANZENREGISTER

Kleine Pflanzenkunde

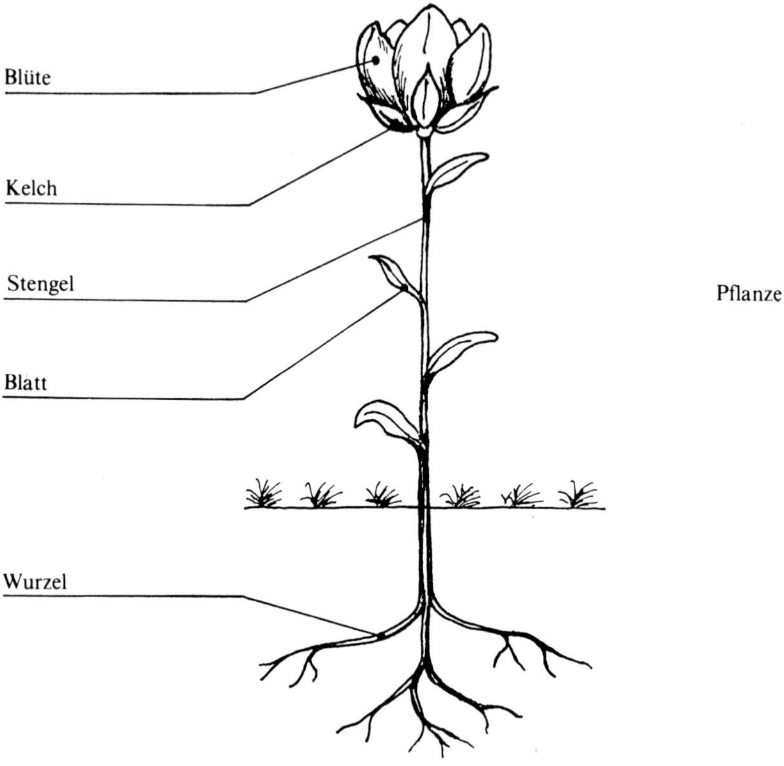

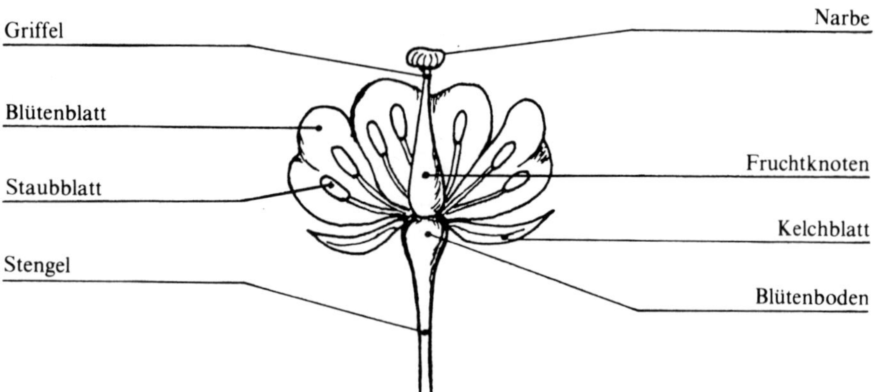

STENGEL

sparrig verzweigt

mit Knoten

kantig

gefurcht

aufrecht

niederliegend

aufsteigend

BLÜTE

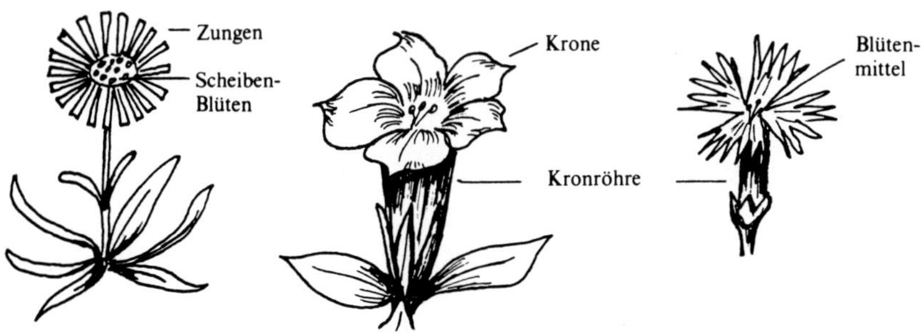

BLÜTENBLATT

ausgerandet

eingeschnitten

zerschlitzt

gefranst

BLATTFORM

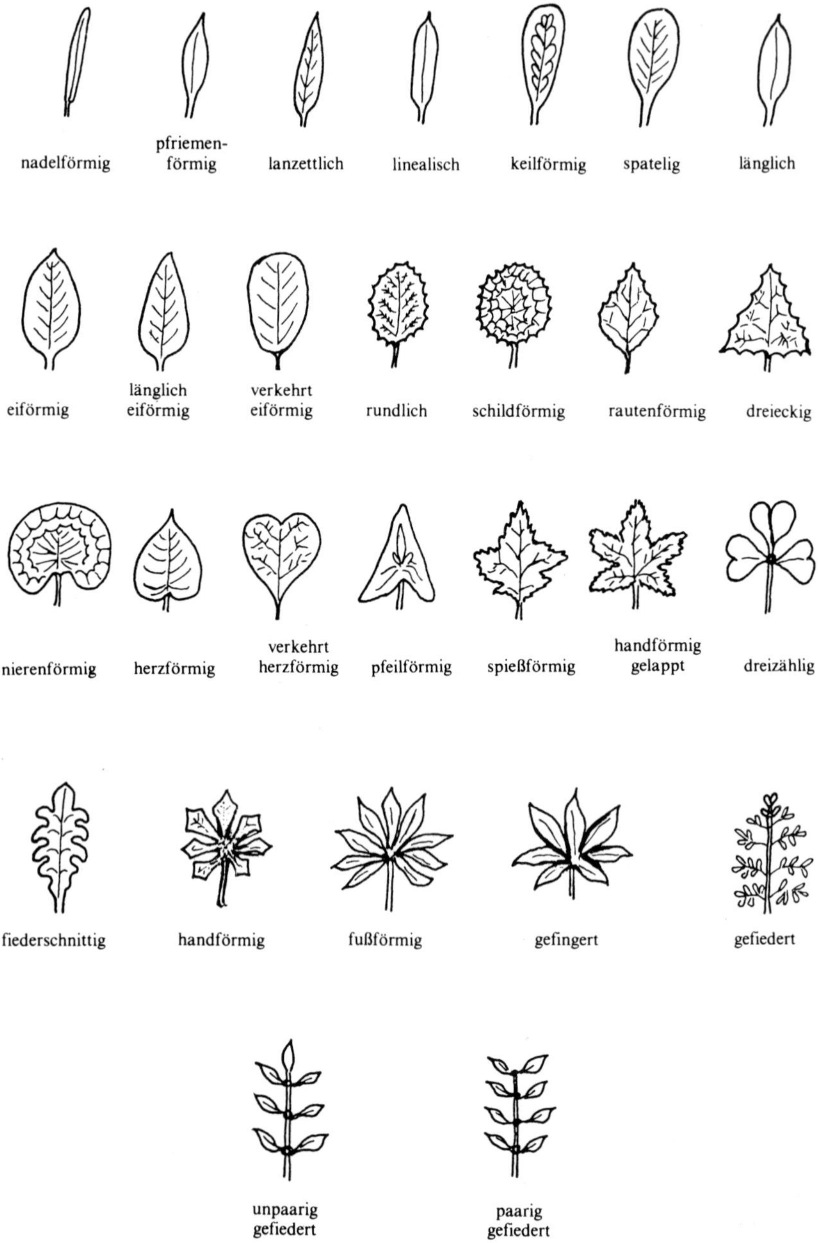
nadelförmig
pfriemen-
förmig
lanzettlich
linealisch
keilförmig
spatelig
länglich
eiförmig
länglich
eiförmig
verkehrt
eiförmig
rundlich
schildförmig
rautenförmig
dreieckig
nierenförmig
herzförmig
verkehrt
herzförmig
pfeilförmig
spießförmig
handförmig
gelappt
dreizählig
fiederschnittig
handförmig
fußförmig
gefingert
gefiedert
unpaarig
gefiedert
paarig
gefiedert

BLATTSTELLUNG

rosettig

wechselständig

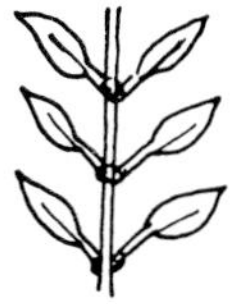

gegenständig

quirlständig

BLATTRAND

ganzrandig

gesägt

doppeltgesägt

gezähnt

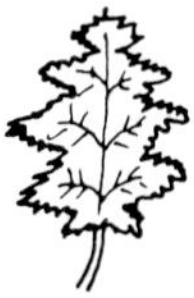

gesägt-gezähnt

dornig-gezähnt

gekerbt

gebuchtet

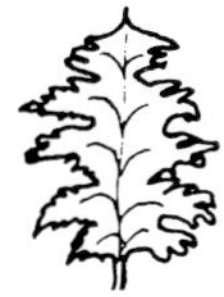

schrotsägerandig

BLATTANSATZ

gestielt

sitzend

Stengel umfassend

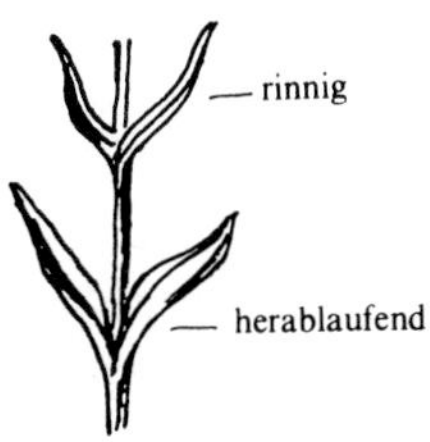

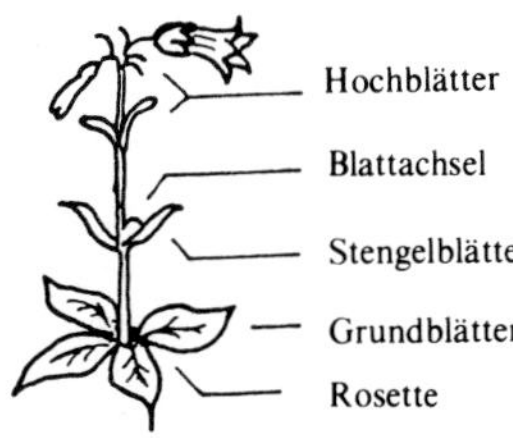

NERVATUR

fiedernervig

netznervig

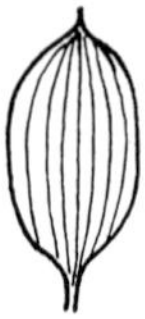

parallnervig

BLÜTENSTÄNDE

Ähre

Traube

Rispe

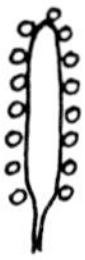

Kolben

Körbchen

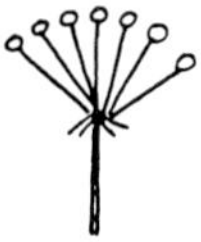

Dolde

zusammengesetzte Dolde

Scheindolden (Trugdolden)

Quirle

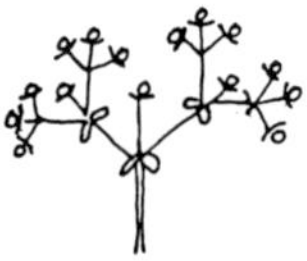

Dichasium

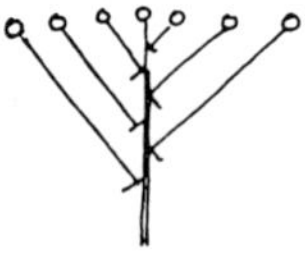

Doldentraube

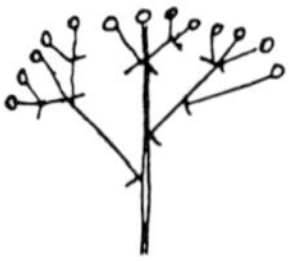

Doldenrispe

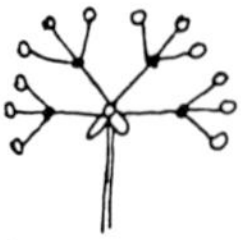

Knäuel

Körbchen

Köpfchen

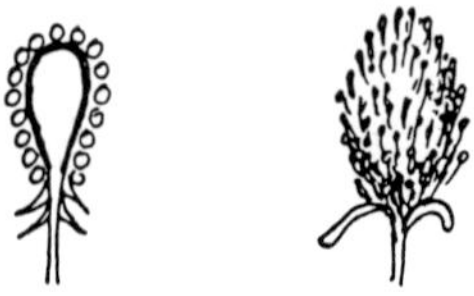

KRONE

flach

getrenntblättrig

glockig

Lippenblüte

Veilchen

Zungenblüte

Röhrenblüte

Zungenblüten außen
Röhrenblüten innen

Blüte
nickend

Blüte mit
Schlund

KELCH

verwachsen

bauchig

getrenntblättrig

aufgeblasen

zweilippig

nervig

Außenkelch

mit Schuppe

ERLÄUTERUNGEN DER IM TEXTTEIL VERWENDETEN FACHAUSDRÜCKE

Adstringierend: Zusammenziehend, das Gewebe zusammenziehend, die Blutgefäße verengend.

Albuminurie: Ausscheidung von Eiweiß im Harn.

Antiseptisch: Keimtötend, Mikroben werden abgetötet oder die Ausbreitung verhindert, sodaß eine Ansteckung unterbunden wird.

Arteriosklerose: Chronische Erkrankung, die das Altern des Gefäßsystems anzeigt.

Asthenie: Schwäche des Organismus oder einer seiner Funktionen.

Cholesterin: Gallenfett, mit den Gallensäuren verwandter Stoff.

Couperose: Blutandrang des Blutes in den Haargefäßen (Nase, Wangen).

Tonisch: Den Organismus stärkend.

Sedativ: Die Nerventätigkeit beruhigend und regulierend.

LITERATURNACHWEIS

Heilpflanzen heute, von Apotheker M. Pahlow, Gräfe und Unzer Verlag, München 1980.

„Heilkräuter" – Geschenke Gottes für Deine Gesundheit, herausgegeben vom Verein Freunde der Heilkräuter.

Großes illustriertes Heilkräuterbruch, herausgegeben von Dr. Ferdinand Hochstetter u. a., Enßlin & Laiblins Verlagsbuchhandlung 1882.

Neuer Hausschatz der Heilkunde, von Dr. Hermann Brechmann, Verlag Ernst Wiest Nachfolger, Leipzig 1938.

Heilpflanzen erkennen – anwenden, von Paul Schauenberg und Ferdinand Paris, BLV Verlagsgesellschaft München, Bern, Wien 1970.

Kräuter und Pilze, von I. Gabriel und D. Kellermann, 1980.

Mit Heilkräutern schön und gesund, von Dr. Christian Wanger, Prisma Verlag, 1978.

Geheimnisse und Heilkräfte der Pflanzen, Verlag Das Beste, Stuttgart.